AN ILLUSTRATED HANDBOOK OF COURTYARD DESIGN
MATERIAL SELECTION AND CONSTRUCTION

图解

庭院设计

选材与施工

姚丹丽 编著

中国电力出版社
CHINA ELECTRIC POWER PRESS

内 容 提 要

本书系统地介绍了现代庭院的创意设计、材料选购及规范施工的方法，以图文解说的形式，讲解现代庭院的创意设计，深入解析庭院材料选购及施工规范的重点内容，层层递进，激发个人创意，观点表述具体，语言通俗易懂，配图具有代表性。该书弥补了传统图书单图表意不足的缺陷，是一种全新的表述方式，既能深入解析庭院材料选购及施工的重点内容，又能让读者清晰比较各种材料之间的差别，顾及庭院装修的各个环节，符合当今读图时代的阅读需求。

本书适合广大庭院装修业主、庭院设计师、施工管理人员、园艺技师以及环境艺术设计与园林景观设计专业师生阅读参考。

图书在版编目（CIP）数据

图解庭院设计选材与施工 / 姚丹丽编著 . — 北京：中国电力出版社，2019.9
ISBN 978-7-5198-3419-7

Ⅰ . ①图… Ⅱ . ①姚… Ⅲ . ①庭院－园林设计－图解 Ⅳ . ① TU986.2-64

中国版本图书馆 CIP 数据核字（2019）第 148495 号

出版发行：中国电力出版社
地　　址：北京市东城区北京站西街 19 号（邮政编码 100005）
网　　址：http://www.cepp.sgcc.com.cn
责任编辑：乐　苑　（010-63412380）
责任校对：黄　蓓　常燕昆
责任印制：杨晓东

印　　刷：北京盛通印刷股份有限公司
版　　次：2019 年 9 月第 1 版
印　　次：2019 年 9 月北京第 1 次印刷
开　　本：710mm×1000mm　16 开本
印　　张：18
字　　数：325 千字
定　　价：78.00 元

前　言

　　现代庭院与室内家居生活息息相关，它既是室内空间的户外延伸，同时也是一个颇具个性的独立空间。近年来，市场上出现了诸多庭院专用的成品设施及装修材料，这些设施与新材料给庭院注入了新的活力。

　　我国目前专业从事庭院施工的企业并不多，不少业主都聘请室内装修施工人员来施工，实际上他们也并不熟悉庭院的施工方法，质量也难以保证，更多业主种植大量植物来填充庭院面积，这些做法反而使得庭院丧失了原有的特色。要知道广大业主和消费者原本就不是很了解那些难辨优劣的材料，如今各种新型材料更是层出不穷，广大消费者需要一本能够一步解决这些问题的书。庭院的创意设计内容丰富，施工、改造要求严格。本书从庭院设计的源头——设计创意开始讲述，涵盖当今正兴起的几类庭院装修风格及花卉、绿植，也包括一些毫不起眼的细节设计、景观小品，本书的重点是传授大家一些设计、选材的小窍门及施工的具体流程。

　　本书内容丰富，所列图片清晰，读者阅读起来比较轻松，能让读者快速地掌握庭院的设计要点与施工流程，并建立起自己的独特的设计创意风格。此外，书中还列举了一些风格、植物、选材及施工的综合应用实例，通过对景观材料在方案设计、扩初及施工图设计不同阶段中的应用分析，使读者更好地理解不同庭院景观材料的特征。本书适合广大庭院装修业主、庭院设计师、施工管理人员、园艺技师以及环境艺术设计与园林景观设计专业师生阅读参考。

　　本书在编写的过程中得到了以下同事、朋友的帮助，也感谢他们提供素材和资料：湛慧、万丹、汤留泉、董豪鹏、曾庆平、杨清、万阳、张慧娟、彭尚刚、黄溜、张达、童蒙、柯玲玲、李文琪、金露、张泽安、万财荣、杨小云、吴翰、董雪、丁嘉慧、黄缘、刘洪宇、张风涛、杜颖辉、肖洁茜、谭俊洁、程明、彭子宜、李紫瑶、王灵毓、李婧妤、张伟东、聂雨洁、于晓萱、宋秀芳、蔡铭、毛颖、任瑜景、吕静、赵银洁。

编者

2019年3月

目 录 ......>>>

Chapter 1
创意设计的核心

识读难度： ★ ★ ☆ ☆ ☆

核心概念： 庭院创意、设计要素、色彩搭配、规划布局

章节导读： 庭院的设计核心在于创意，既要与众不同，又要遵循一定的规律。在设计创意时先应从整体入手，做统筹规划，再深入细节，至于使用哪些东西充实庭院，要根据实际情况来确定。本章主要介绍现代庭院的创意方法，引导读者从整体入手，经过逐步深化、调整，最终获得理想的庭院。

↑ 连体别墅庭院景观成组式布局。

1.1 什么样的庭院才算美：庭院的视觉审美要点

　　庭院是指建筑物周边或被建筑物包围的完整场地，庭院多与建筑联系在一起，设计创意应与建筑保持一致，庭院是建筑的户外延续，是建筑的深化扩展。在庭院创意过程中，关键在于提升庭院的美感，使庭院满足使用者的视觉审美。

←庭院。通过连接道路，让居住空间向户外延伸，搭配低矮灌木及爬藤植物，衍生出独特的美感。

1. 建立主体

　　在庭院创意设计中，将一个元素或一组元素从其他元素中突出来，就产生了主体。主体设计元素是庭院空间中的重点与焦点。如果构成中没有一个主体元素，空间中就没有主题亮点可以让目光停留。如果在庭院中引入一个聚焦点，它就会像磁铁一样吸引人们的目光。

↑被各种植被簇拥、围绕着的休息或观赏区，无意是庭院全部的焦点或者中心区域。

↑庭院内的秋千可供娱乐玩耍、休息，同时它也是庭院景致的一部分。

在庭院中建立主体要特别注意，主体元素应该与庭院中的其他元素有一些共同特征，使人感到它是构成中的一部分。此外，庭院设计中可以有多个焦点，但是不应该设计太多。

庭院中布置一处漂亮的水景、一座优雅的雕塑、一块突出的石头都能引人注目。尤其是在绿化植物中，主体既可以是浓荫树或吸引人的植物，如装饰树种、花灌木、鲜花或是其他独特的植物类型，也可以是具有装饰审美效果的假山石、水景、建筑构造等。

↑ 水池对岸的装饰座椅与若干盆栽，恰到好处地装饰、点缀了庭院角落，引人入胜。

↑ 适当的点缀砖、石、混凝土雕塑，不失为一处别致的美景。

2. 保持统一

保持统一可以被看作是贯穿庭院设计的线索或主题，将没有联系的部分组成整体，如将建筑、景观、植物等都组合在一起，形成独立的连贯实体。统一，也是指设计构成中各元素之间的和谐关系。统一的原则会影响到每一种设计元素以何种大小、形状、颜色、质地选择，当设计对象达到统一，就会使整个设计浑然一体。

↑ 隐约可见的石屋与地面、花坛相呼应，在寻求同一材质的同时也明确了相应的变化，使得空间内容更加丰富，也不会显得过于单调。

↑ 庭院布置为中式设计，主要以石头材质的材料为主。

保持统一的处理手法比较简单，使用为数不多的几种元素即可，但是要注意变化，不能无端重复，否则给人的感觉就比较生硬，影响庭院整体效果。在保持统一的同时还要注意避免单调，任何植物、构造、配景组合在一起，仅保持它们的某些特征为同一元素即可，并不要求在形态、大小、色彩、质地上全部保持一致。

↑庭院中所有的椅子都是采用铁艺支架及布艺坐垫组成，其中黑色铁艺也被应用到一些其他装置上，它们相互融合，相互呼应。

↑石头、圆木桩、各种花卉及绿植的搭配，这些元素组合在一起构建出春日里大自然的美景。

3. 适当重复

重复是指在庭院中反复使用类似的元素或有相似特征的元素。因为这些元素有许多共同之处，能产生强烈的视觉统一感。缺乏重复或相似性的设计对象在视觉上必定是混乱的。

一些造型别致的绿化植物，整齐种植在庭院中的主通道地面或墙面，形成良好的审美感受。最理想的创意方法就是在庭院中适当重复某些造景装饰元素以求统一，以维持多样的视觉效果，需要在多样与重复之间取得平衡，但是要达到这种平衡并无定式。

↑人物雕塑的重复，是造型的需求，也是美感的体现。

↑镶入式盆栽对称且重复的排列，营造出简洁的秩序美。

4. 加强联系

加强联系是指将庭院中不同的元素连接到一起，人们的目光就能很自然地从一个元素移到另一个元素上，其间没有任何间断，形成连贯性装饰景点。

加强联系的方法常用于庭院立面设计上，如灌木、栅栏或围墙都可以用于联系庭院中容易分离的元素，用低矮灌木与栅栏加强各元素之间的联系。

(a)　　　　　　　　　　　　　　　　　(b)

↑石头与地砖组合的小径，指引从庭院的一处景致游览到另一处的管流水景。重复流动的水景观，诠释了层次感中的美和灵动。

5. 把握均衡

庭院空间要表现均衡，庭院中各部位都应有观赏景点或使用功能。在某一处装饰景点上也要保持形态、大小的平衡。均衡在绿化种植设计中效果很明显，奇数株植可以获得均衡感，在一边种植形体较大、较松散的树木，而另一边是有重量感的建筑物，这样就能达到视觉上的平衡。庭院道路两侧的绿化植物品种不同，但是分配的体量却令人感到差不多，也可以将绿化植物与建筑构造在视觉上形成均衡，两者相互衬托。

↑道路两旁种植绿植、花卉，保持平衡感。

↑建筑主要向道路右边偏移，为保持道路左、右两边的体量感，左边小型乔木搭配一些灌木丛，彰显左边空间的重量感，右边配上一棵体量适中的乔木刚好平衡了空间。

6. 控制尺度

庭院中的比例与尺度由许多因素来决定，包括建筑、周围环境、占地面积等。在庭院中，任何设计对象的尺度过大都会让庭院显得过小，如一棵大树种在一个相对狭小的庭院内会明显"缩小"该庭院的面积。在小院中种大树还可能会对建筑结构造成破坏，此外，尺度过大的篱笆、围栏、墙也会反过来影响庭院的空间感。相反，小尺度构造也能提升建筑的体量。

↑房屋门前的那部分草丛及高大的乔木，使原本并不高大的房屋显得更加的矮小及圆滚。

↑低矮的植物、盆栽及随意生长的草本植物，让原本就低矮、狭小的院落空间，显得越发的方正、低矮。

7. 保持韵律

韵律由音符中潜在的顺序形成，通常称为节拍。庭院中韵律的表现方式主要有以下三种。

（1）重复。

为了产生韵律感，可以在庭院布置中重复的元素或将一组元素创造出显而易见的次序。元素之间的间隔决定了韵律的特征与速度。在庭院设计中，可用于诸如铺地、栅栏、墙面、植物等元素，这些元素之间的间距对控制韵律的速度而言非常关键。

(a)　　　(b)　　　(c)

↑这三幅场景所表述的是同一个庭院。对称的防腐木栅栏，成对的小鸟滴灌装置，若干悬挂的盆栽，这些都体现出重复的应用及美感。

（2）倒置。

倒置是一种特殊的美化交替，将修整过的元素与序列中原始元素相比较，属性完全相反，如大变小、宽变窄、高变矮、整体变零散等。这种类型的序列变化是戏剧性的，且非常引人注目。倒置可以有很多方式与庭院设计相结合，如地面铺装形体倒置。

(a)　　　　　　　　　　　　　　　　　　　(b)

↑地面铺装形体倒置，运用地面铺装材料的形体结构相互交替错落，形成倒置美感。

（3）渐变。

渐变是将序列中重复的设计对象逐渐变化组合而成。序列中重复对象的大小逐渐增大，或是色彩、质地、形式等特征逐渐变化，从而产生视觉刺激，不会形成突然或不连贯效果。

↑花卉的形态及颜色的各异变化形成的渐变。　　↑喷泉跌水由高向低渐变。

8. 质地分配

质地是指庭院中各物体表面结构的粗细程度，以及由此带来的美的感受。细质地是指草坪、覆满青苔的砖石表面或用光洁材料铺装的地面等。中质地如小卵石铺装的地面，或碎石散铺在松软的泥土上。粗质地是指鹅卵石铺装的地面，粗枝大叶的树木，防腐木制作的桥面、露台、篱笆，大面积拉毛水泥墙面，砖或乱石砌筑的挡土墙，大叶面地被植物，条石台阶等。

↑草坪、石材形成细腻的细质。

↑大小不一的鹅卵石地面形成的粗质。

9. 产生对比

对比是将两种相同或不同的庭院设计对象做对照或互相比较。为了突出或强调局部景观，将相互对立的体形、色彩、质地、明暗等景物或构造放在一起表现，形成一种强烈的戏剧效果，营造一种鲜明、显著的审美情趣。对比手法适用于突出庭院入口处的形象，能给人留下深刻的印象。可以将庭院中的喷泉、雕塑、大型花坛、孤赏石等形象突出，形成庭院中一景。

在十分清静的区域，或在重要的景点前可以稍用对比手法，能使人的情绪为之一振。具体对比方式有以下三种。

（1）水平与垂直。

当一件雕塑树立在庭院中，它与地平面形成垂直向对比。景物高耸，超过人的正常观察视角，使人不得不向上仰望，产生出敬畏之心。

（2）体形大小。

在开阔的庭院中，景物虽然高大但却显得矮小；在狭窄的庭院中，景物不大，但给人的感觉却是庞然大物。在庭院布置中利用这种视觉错觉，可以突出某一景物的形体。

（3）色彩与明暗。

在庭院中产生色彩主要依靠植物的花色或叶色，局部色彩依靠建筑物或构造物上的装饰材料。一般采用明亮的植物，同时绿色植物也有深浅明暗之分，一年中还有季节的差异，所以也存在对比的可能性。

↑树木种植在过窄的庭院中显得矮小。

↑门前过高的大树显得庭院面积过小。

↑叶子颜色不同的植物形成色彩、明暗对比。

10. 提升趣味

在面积较小的庭院中，可以营造低墙、漏窗、渐渐消失的小路或好像还蕴藏着植物的空间。焦点在提供庭院趣味性方面是很重要的，一个吸引人的焦点，即便是在远处看，也会给参观者带去新奇的感受。

在庭院中建造封闭感较强的亭子，在对立的墙面上分别开设门洞，人的视线能穿越两个门洞，观看到亭子另一侧的局部场景，这样就能激发人的游览兴趣，步入亭子并穿堂而过。

↑ 庭院建筑矮墙形成遮挡效果。

↑ 人可通过长方形的窗口观察景物，提升趣味性。

1.2　庭院设计组合：
组成庭院的设计要素

　　庭院的创意设计要素有很多，一般应根据业主的喜好而定。常见的创意设计要素包括以下内容，创意时可以根据需要组合搭配。

↑选择恰当的盆栽植物装饰庭院中的桌面或窗台、墙面。

↑选择观花和观叶植物搭配在一起能够取得意想不到的效果，也可以搭配、组合不同形状的水池。

1. 绿化

　　绿化种植是庭院中最常见的设计要素，很多业主在公园、酒店、街头绿化带中看中某种植物，就希望在自家的庭院中也能种植，并以此为核心对庭院进行设计。

　　绿化设计主要包括两个方面。其一是各种植物相互之间的配置，要考虑植物种类的搭配，树丛的组合、构图、色彩等。植物之间的形态类似，色彩有明显区分，这样能形成较好的组合美感。其二是庭院植物与其他要素，如山石、水体、建筑、道路等相互之间的组合效果。植物与其他庭院元素相互环绕，植物可以充当背景来衬托庭院中的其他元素。

↑植物组合搭配。爬藤植物与花卉、乔木之前的搭配。

↑水体与植物搭配。水、石块、植物及装饰罐的搭配。

（1）绿化配置的立意。

首先，从庭院设计的主题、立意出发，从庭院绿地的性质与功能来考虑，选择适当的树种来表现庭院主题，体现设计意境。希望表现出比较祥和的庭院效果，可以选择桂花、红枫为主，配以含笑、栀子花等芳香树木。

其次，要考虑地域特性，只有满足光照、水分、温度、土壤等环境要求，才能使其正常生长，并保持较长时间的创意。如果条件允许，可以考虑季候特性，体现植物丰富多彩、交替出现的优美季相，多种植物同时栽培显得丰富。

最后，适当考虑经济性，庭院观赏树木最好能创造一定的经济价值，节约并合理使用名贵树种，多用当地的乡土树种，而且尽可能用小苗。创造经济价值主要是指种植有食用、药用价值，及可提供生产、生活原料的植物。

↑温暖的南方适合栽植各种花卉和绿植，种植的植物最好能够在四季交替开花，每个季节都能够欣赏到盛开花卉美景。

↑四季温差大的北方适合大面积种植观叶类植物，可以选择栽植树叶颜色各异的树种或耐寒性较强的花卉。

↑樱花树。是庭院中比较普遍的一种树种，有很高的观赏价值，同时也是名贵的庭院树种。

↑鸢尾花。有较高的观赏价值，也是一种中药材。

↑石榴树。观花、观果，又可食用的果树，适合家庭庭院种植。

↑蓝莓树。耐寒、品种多，南、北方都适合种植，可观花、观果、食用，是近几年才开始流行的果树。

（2）建筑与绿化的关系。

　　植物丰富的自然色彩、柔和多变的线条、优美的姿态能增添建筑的美感。以门窗为框，通过植物配植，与路、石等构造精细地构图，不但可以入画，而且可以扩大视野，延伸视线。庭院角落的线条最生硬，可以通过植物来缓和角隅的生硬感，可以通过成丛配植，竖石栽草，再种植些优美的观花灌木组成一景。

↑建筑与绿化。通过绿化来装扮建筑，无形之中给建筑带来高贵、优雅的气质。

↑建筑一角。绿化是由各类树种及花卉组合构造而成的。

（3）墙体垂直绿化。

　　墙体垂直绿化是庭院绿化创意的重点，一般选用不同习性的攀缘植物进行设计。东南向的墙面应种植喜阳的攀缘植物；北向墙面或构筑物前，应栽植耐荫或半耐荫的攀缘植物。将多种盆栽植物组合摆放在金属网架上，要做到品种季相丰富、远近期结合、开花品种与常绿品种相结合，能起到很好的装饰效果。

↑爬藤植物沿墙面顺直攀爬生长，且垂下绿植，用作装饰。

↑房屋顶面种植小型灌木，墙面采用各种造型的花盆栽种下垂造型的植物。

树木的配置方式

序号	配置方式	图例	配置方法
1	孤植		乔木或灌木采用孤立种植的方式，主要表现植株个体的特点，突出树木的个体美。树木不宜多，彼此间应保持适当间距
2	对植		用两株相同或相似的树，按照一定轴线关系，作相互对称或均衡的种植方式，植物应以道路或建筑构造为对称轴
3	丛植		由十几株同种或异种的乔木，或乔、灌木组合而成的种植类型，植物不宜过于杂乱，如果品种过多，最好用花坛进行归纳
4	篱植		由灌木与小乔木以近距离行距密植，单行或双行栽植、结构紧密的规则种植形式，追求序列效果，要时常修剪保持整齐

续表

序号	配置方式	图例	配置方法
5	群植		是由多数乔灌木（一般在20～30株以上）混合成群栽植而成的种植类型，植物种植在一起，分清层次、色彩和高矮
6	中心植		追求对称，一般选用四季常青的植物，在重要的位置种植观赏树木，如对称式庭院的中央、轴线交点等重要部位

2. 山石

山石在庭院设计中主要起到稳固的作用，能提升庭院的重量感，让人感到安全。我国传统庭院对山石的运用特别讲究，在现代庭院设计中，也可以运用一些传统的设计手法。

山石设计的特点是以少胜多，以简胜繁，用简单的形式，体现较深的意境。山石设于草坪、路旁，以石代桌凳供人享用，既自然又美观；山石设于台、草坪上，既能标识方向，又能保护绿地；山石设于水际边，能防止泥土落入水中，别有一番情趣。

(a)	(b)	(c)

↑ 大小不一的山石能防止泥土流失，且装饰了空间。

（1）山石布置方法。

庭院中的山石布置灵活多变，对于面积不大的庭院，可以选用1～2块形体较大的山石，摆放在庭院边角用于点缀。

如果对山石布置有特别爱好，可以精心挑选名石，如太湖石、英德石、黄蜡石等，如果当地市场没有采购资源也可以用混凝土制作，外表喷涂真石漆。如果庭院面积较大，庭院中布置有水景，可以将山石置于水岸边，营造出山水呼应的效果，山石上方与周边可以种植少许绿色植物点缀。如果庭院面积较开阔，或显得比较空旷，可以选择形态不同的山石按一定次序排列，形成错落有致的效果，别有一番情趣，日后如若感到审美疲劳，还可以重新调整。

↑水池周边为规则混凝土护坡，中间为自然卵石分隔。

↑水池周边的防腐木栏杆和山石相互呼应，少许植被增添活力气息。

↑错落有致的山石排列，别有一番情趣。

★庭院小贴士

庭院中的山石设计

　　山石应用于庭院造景由来已久，源远流长。从远古时代"圃"中的不经意，到现代已经走进了庭院。从现代人们的审美情趣与设计观念来看，山石应用的功用已尤为突出，无论从山石的选材、配置手法、应用方式上都有了更丰富广阔的设计内涵，在继承传统的基础上有了新的发掘与开拓。庭院中的山石已更注重和讲究细节与局部中的处理与把握，日益体现出"于细微处见精神"。

　　（2）选用山石器具。

　　山石器具主要包括山石家具与山石花台，在面积适宜的庭院中常以石材作石栏、石桌、石几、石凳等。石栏制作成本较高，需要安装基础，一般用于面积较大的庭院中，能起到挡土、护水的作用。山石桌凳使用最多，不仅有实用价值，而且又可与造景密切结合，很容易与周围的环境取得协调，既节省木材又耐久。

　　山石桌凳看似简单，其实都是经过细致打磨、雕琢而成的工业产品，耐磨损度与光泽度都要高于原始山石，具有很强的装饰效果。山石花台在江南古典庭院中得以广泛运用，其主要原因是山石花台的形体可随机应变，小可占角，大可成山，特别适合与壁山结合随心变化。此外，运用山石花台还能组织庭院中的游览线路，形成自然式道路。

↑现代石栏多采用成品构件，能起到挡土的作用。

↑石质家具价格较高，但是安装牢固。

↑山石花台垒砌要求平整。

3. 水景

庭院水景设计要借助水的动态效果营造充满活力的居住氛围，水景效果由水体形态变化得来。

（1）水景的平面形态。

水景在平面形态上主要有规则式、自然式、混合式几种。规则式水景的平面形状一般是由规则的直线岸边或有轨迹可循的曲线岸边围合而成的几何图形水体。自然式水景是由自由曲线围合成的水面，其形状不规则并且有多种变异的形状。混合式水景介于规则式与自然式两者之间，既有规则整齐的部分，又有自然变化的部分。

在庭院水体设计中，在直角建筑边线、围墙边线附近，常常将水体的岸线设计成局部直线段与直角转折形式，水体在这一部分的形状就变得规则了。而在庭院中央，自由弯曲的水景岸线会显得很自然，而且不再与庭院周边环境相冲突，就可以完全按自然式来设计。

↑柔和的曲线围合成的规则式水池。　↑水池周边砌筑湖石，呈现自然形态。　↑水池周边一半为自然湖石，另一半为规则护栏。

（2）水景设计形式。

水景设计形式主要有动态水与静态水两种。动态水有急缓、深浅之分，也有流量、流速、幅度大小之分。蜿蜒的小溪，使环境更富有个性与动感。静态水具有宁静的特征，清澈见底，一般用于面积较大的庭院中，依靠面积来凸出平静特征。

(a)　　　(b)　　　(c)

↑动态水景。飞流直下的动态美。

(a)　　　　　　　　　　　　　　　　　　　　　　　(b)

↑静态水景。细节在于平整的水池地面。

★庭院小贴士

水景设计细节

　　水景是强有力的设计元素，设计水景时，安全永远是首要的问题。首先要考虑到儿童在无人照看的情况下会来到水景中，所以应选择浅水水景或带有护栏的小型水景。

　　在干旱缺水的地区设计水景应特别注意，水景中的水应设计为可持续循环利用。如果可能应尽量选择非饮用水，尤其是庭院中的观赏喷泉最好利用循环水。

　　此外，水景设计与施工费用很高，施工工艺复杂，既要砌筑围合，又要制作防水与排水构造，还要连接电源启动水泵。后期维护费也相当昂贵，通常要定期进行水池清洁、消毒处理和维修保养。长期管理花费过高，应当慎重考虑，以保障最初设计与安装投入的有效性。

4. 构造

　　庭院的构造主要包括围墙、围栏、地面铺装、小品景观等建筑形体，这些构造的形态、风格要与建筑相匹配，不能孤立存在，按部位可以分为以下三种。

　　（1）地面构造。

　　地面是指人工建造的地面，也可以称为地面铺装，多采用各种地面材料来创造出不同变化，常见的地面构造材料有混凝土地面、卵石地面、砌块地面等。其中，以砖、石材料为主的地面构造是当今主流，可以选用2~3种不同材质、规格的材料相互搭配砌筑。

　　（2）立面构造。

　　立面构造是指建造在地面之上，能对视觉产生阻挡的人工构造，主要包括围墙、栅栏、竹篱、围墙大门等立面视觉因素。立面构造还包括穿廊、雨亭等建筑设施，选用时要考虑庭院的面积，不宜填塞太满，要预留一些活动空间。

（3）顶面构造。

顶面构造是指庭院景观上方对人的视觉产生阻挡的构造，主要包括建筑的屋檐、雨篷、玻璃采光顶等构造，这些构造大多都是成品件，多以现代风格为主，如果没有太多选择，可以局部选用，而不宜将整个庭院盖满。庭院的顶面构造要与地面构造相呼应，使两者成为庭院设计的核心。

↑ 地面构造。多种材料铺装的地面显得丰富。

↑ 立面构造。拱形墙门起到透景的作用。

↑ 顶面构造。顶面雨篷遮盖住躺椅部分，分隔出休息区；没有遮盖的部分，形成娱乐区域。

1.3 不仅仅是绿色：庭院色彩搭配设计

现代庭院追求个性，色彩变化应该很丰富。在绿色植物基础上，可以选配多种植物变化出不同层次。色彩搭配要发挥出创意，反映出庭院风格与业主品位，而搭配的关键在于材料的配置。

←现代庭院。户外休闲设施及植物搭配与建筑气质相符，观叶观花植物的组合相互辉映。

1. 庭院色彩特征

（1）色彩的可变性。

色彩的可变性主要受季节、天气、光线、材料、灯光变化影响。春、夏、秋、冬的季节变化会使庭院色彩处于不断变化之中，夏季青绿的色调与冬季枯灰的色调差距很大，如果所在地域四季分明，应该考虑少用绿化，天气变化会给自然光源带来丰富多变的色彩。晴天时，太阳光线一般是极浅的黄色，早上日出后2小时显橙黄，日落前2小时显橙红，庭院景物在朝霞与夕阳映照下呈现的效果均不同。阴天时，天空光源显出冷色调，使景物的色彩笼罩在清凉的色调中。

↑清晨阳光明媚，被阳光笼罩的植被及建筑的色彩较明亮、艳丽。

↑傍晚光线阴郁，庭院整体色彩较灰暗，花卉及植物色调没有明显区分。

（2）色彩的面积感。

庭院面积对色彩的效果有不可忽视的影响，色块越大，色感越强烈。在小块色板上看起来很清淡的色彩，大面积使用时可能会感到鲜艳、浓重。在庭院中使用色彩，除小面积点缀色彩外，一般应降低纯度，无论是绿化植物还是陈设构造，都要将固有色彩的面积与庭院的面积结合起来考虑，否则难以获得预想的效果。

↑各色盆栽花卉整齐摆放，色彩丰富。

↑同色系的红色花卉小面积地聚积在庭院一角，不会显得纷杂凌乱。

↑大块面的白色花卉效果，给人一种强烈的视觉冲击。

★庭院小贴士

影响色彩变化的元素

落影、倒影对景观的色彩造型的影响更加具有趣味性。落影使景物受光面增加了明暗对比的效果，同时，落影形状还增加了景物的丰富性。建筑材料对光源与空间环境色彩最为敏感，夜间庭院灯光向着无边的夜幕放射着夺目的光彩，景物的轮廓若明若暗，若隐若现，使得景物更加神奇并富有感染力。

2. 色彩搭配方法

（1）主从搭配。

配色时要有主有次，主色调占优势，起支配作用。要将各种色彩进行有序、合理地组织与安排，给人美的享受，能使人的心情变得愉悦。设计庭院色彩，应确定一种色调为主要色彩，其他色作对比点缀，这样才能形成变化，达到较理想的配色效果。

（2）色彩的深浅。

配色要视周围环境而定，一般深色有下沉感，有拉伸空间的感觉，如在明度较低的大面积深色环境中，适当点缀明度较高的色彩，会有极强的视觉冲击力，可以起到活跃景观气氛的作用。由于是强对比调节，亮色的出现既要注意节奏，也要注意与其他色彩呼应，否则会不协调。木质本色、白色等浅色能产生一种平静开阔的空间感。

（3）色彩的冷暖。

一般暖色产生温暖气氛，适合于交谈、聚集。冷色易产生凉爽感，适合学习、休息；中性色明快自然，适宜散步、休闲。暖色与冷色也可以形成对比，增添庭院装饰效果。

↑主从搭配　　　　　　　　↑色彩的深浅　　　　　　　　↑色彩的冷暖

（4）心理与生理的反应。

庭院是为人服务的，其功能必须呼应人心理与生理的满足感。不同色彩会给人带来不同的反应。看到红色时可能会想到太阳与火而感到温暖；看到蓝色时可能想到蓝天与大海而产生宁静、清爽的感觉等。

↑阳光下的游泳池引人遐想。　　　　　　↑木制庭院及座椅符合人们生活习惯。

（5）变色与变脏。

变色是指涂料、金属等材料长期暴露会因日晒氧化产生颜色变化。变脏是由于空气氧化和长期使用造成的脏，或有些纯度低的颜色与混沌的颜色相配使用而导致。

(a)　　　　　　　　　　　　　　　　(b)

↑地面防腐木铺装由于长期的日晒雨淋，最后都会氧化脱色，重新刷漆后又会恢复如初。

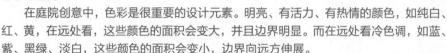

★ 庭院小贴士

色彩与空间

　　在庭院创意中，色彩是很重要的设计元素。明亮、有活力、有热情的颜色，如纯白、红、黄，在远处看，这些颜色的面积会变大，并且边界明显。而在远处看冷色调，如蓝、紫、黑绿、淡白，这些颜色的面积会变小，边界向远方伸展。

　　要想使小面积色彩显得大些或在远处给人印象，就要在前面放置热情、有活力的颜色。如果在庭院远处或背侧放置冷色调，就应当将中性色放在庭院中间，这样能加强人的幻想，并联系庭院的两端。

3. 庭院色彩的作用

　　（1）表现气氛。

　　丰富的植物色彩能让庭院显得更加温馨。色彩表现的气氛建立在色彩表情基础上，色彩传达感情最为直接。无论是兴奋还是忧郁，欢快还是平静，轻松还是沉重，都能从色彩中寻得知音。

　　（2）重点强调。

　　色彩具有强调作用，对特别的部位施加与众不同的色彩，可以使该部分得到特别强调。一般将色彩重点用在中心、边缘、建筑上部等视线经常停留的部位，可以收到较好的视觉效果。重点强调可以使看起来单调的景物充满活力。由于暖色调有向前的倾向，很容易从背景中跳出来，如红、橙、黄等。

↑ **表现气氛。** 缤纷的色彩组合及欢快的造型排列，加上往来观赏的人群，空间给人优雅、欢快、清新的氛围。

↑ **重点强调。** 所有的花卉与绿植都簇拥着这尊雕塑，显而易见地表明了雕塑的中心地位，往来人群也会第一时间发现、赞赏它的美。

　　（3）美化装饰。

　　色彩可以像化妆美容一样为景物增光添彩，也可以像产品包装一样使景观形象得到改善。需要指出的是，色彩对景观的美化不是永远正面的，如果色彩使用不当，效果会适得其反。

(a)   (b)

↑美化装饰。庭院美化的装饰品可以是一棵树，一把休闲椅，也可以是一个台阶。两幅图分别使用一尊铜像和一丛花来装饰、点缀空间。

4. 色彩调节与感觉

（1）空间调节。

在过窄的庭院中，可以采用饱和度较低的颜色，如灰绿、灰蓝色；如果要使庭院中某一物体突出，可以采用对比强烈的颜色，就会产生逼近感；如果环境空间较小且拥挤，应尽量使景物的颜色协调统一，并尽量选取冷色调与低矮植物来增加深远感；相反，如果庭院空间过大，则适宜安排一些色彩鲜艳的花木，有趋近感，起到缩小空间的效果。

↑空间调节。鲜艳的花朵搭配渐行渐远的台阶，给人空间距离被缩小了的错觉。

（2）形状调节。

用色彩强调景物的外轮廓，能使其形状得到突出表现。如藤本开花植物采用白色、灰色的规则形花架，会使其形状更显柔美、俏丽。用色彩对比的方式表现建筑门窗边框，具有突出建筑内部轮廓的作用，可以使建筑面目清晰，给人以爽快、舒适的感觉。如果全是五颜六色的植物，可以收缩巨大的空间，使人不会感到空旷，具有强烈的温馨感与安全感。

（3）色彩感觉。

绿色沉静柔和，大面积的深绿色运用容易产生郁闷、冷漠的感觉；深绿与少量红、黄色搭配效果则会大为改观，能为沉静增添活力，产生明快感。红砖可以给人热烈、欢快感，但是大面积红砖纯度较高、明度较低，会产生沉闷等不适感。红砖与白色、浅灰色相配，不仅能有效克服单一的沉闷感觉，还能体现红砖的特有魅力。

↑形状调节。采用拱形支架，可以达到塑形的效果。

↑色彩感觉。采用红色和绿色植物搭配浅棕色建筑，给人以热烈、奔放的感觉。

1.4 咫尺中的规划：庭院平面布局设计

1. 庭院布局方法

庭院规划布局的方法主要有以下四种。

（1）对称布局。

庭院布局平衡且对称，有一条对称轴，左右或前后的布局形式一样，对称轴可以是通行道路，也可以是花坛景观，只要保持两边构造对称即可。对称式布局匀称，中规中矩，是理想的独处小憩之地，而非嬉戏耍闹之地。

（2）不对称布局。

这种形式在现代庭院中比较流行，布局不依靠常规的装饰品或景物，而是通过不同位置的景观相互映衬来达到布局上的平衡。不对称两侧元素的形态大小应具有比较明显的区分。不对称布局是一种极具活力的设计形式，它能适合各种风格的建筑，可谓百搭设计，尤其能塑造出完美的现代风格庭院。

↑对称布局。以道路为对称轴，道路两边的树木相对称，显得整齐规范。

↑不对称布局。曲折的小路通道显得灵活、自由，两侧单株植物形成不对称布局。

★ 庭院小贴士

观察景物的要素

（1）视域。人的水平视域为45°，垂直视角30°，在这个范围之内观察景物的效果最好。

（2）视距。在庭院内，正常视力的眼睛同物体相距0.3m左右是欣赏花朵的形状与姿态的最清晰的距离。5m以内是欣赏细部景物清晰的距离，欣赏清晰完整的景物最佳。而8～10m左右是欣赏景物轮廓的最好距离，超过15m，景物便模糊不清了，当然，远景也能起衬托近景的作用，具有一定的欣赏价值。

（3）视角。人的水平视线上下各13°，共26°范围内的视角称为平视。以平视欣赏景物，有平静、安宁与深远的感觉。一般庭院景物都以作平视的安排为宜。仰角大于13°时便是仰视，以仰视欣赏的景物有庄严、雄伟的气派。俯角大于13°时称为俯视，俯视景物会使欣赏者有喜悦、自豪或孤独的感觉。

（3）自然式布局。

自然式布局一般适用于面积较小的庭院空间，通过流畅的线条可以弱化原有规则边界的压抑感。设计自然式庭院目的在于使庭院显得既丰富又简单，复杂的造型会造成视觉上的压抑。

（4）成组式布局。

无论在对称还是不对称布局中都可以运用成组式布局，成组式布局即是将成组的设计元素放在一起，形成独立的布局单元。

↑ 自然式布局。亭台为中心景观，与旁边的植物的协调，两者必须自然和谐，相互映衬。 ↑ 成组式布局。能产生一种秩序感。

★庭院小贴士

为什么庭院内不宜种植大树？

在庭院中种植大树，势必会影响采光，高大的树木会遮挡住门窗，阻碍阳光进入室内，以致建筑内阴暗而潮湿，影响通风，新鲜空气在建筑与庭院之间流通少，导致室内湿气和浊气不能尽快排除，使得环境变得阴湿，不利于健康。大树的根生长力强盛、吸水多，容易破坏地基而影响建筑安全。高大的树木容易将树根伸到房子下面，影响房基的牢固。如果想在庭院种树，可以种植长度有限的小树，以增加环境的美观。

2. 庭院景观关系

庭院中的景观是由行走路线与风景视线串联形成的，在设计中通过以下三方面来布置。

（1）远近衬托。

良好的庭院景观都应该有近景、中景与远景相互组合，无论以哪一种作为欣赏主体，如果能得到其余两种的衬托，就能得到更良好的景观效果。

（2）主次关系。

在良好的庭院景观中，主次关系同样是必须存在的，并且在两者之间还应该有相互呼应的关系，主与次并不是各自孤立的。在同一视域中的景物，无论是主次之间还是次次之间的排列组合，都要求做到疏密有致、左右参差、高低错落，才能避免呆滞感。

↑远近衬托。远景——建筑、流水，中景——一排盆栽，近景——组合圆石，三者相辅相成。

↑主次关系。蓝灰色装饰墙、柱子是主体，黄蜡石、陶瓷是次体。

（3）纵横分隔。

分隔可在地形平坦或景观平庸的视域中求得奇特的视觉效果。例如，用走廊、围墙、高绿篱与密林等来阻隔、规定赏景视线，不仅能使被分隔的各个空间排除相邻接的、性质相异的景物干扰，还能按顺序展示出丰富的景物或景观。

←纵横分隔。在庭院围墙上开设窗口，不仅能起到围合、隔断的作用，还能采集远处的风景，形成"景中景"。

3. 庭院规划布局的要点

（1）加强室内外联系。

一般可以运用不同特色的材料来增强室内外空间衔接，或对地面与墙面精心设计，或利用色彩、植物，甚至水景来达到内外衔接的作用。大多数庭院地面采用天然石材、地砖、防腐木、砂、卵石或其他材料，这些材料在铺装时具有任意延伸感，可以根据需要向四处延伸。如果庭院的主要建筑外墙以天然石材铺设为主，可以在室外露台上用各种砖石铺装。

同样，如果建筑外墙铺贴的是小块墙面砖，可以在庭院中铺设防腐木平台与之相配。使用具有一定联系的材料铺装能提升庭院的整体感，提高庭院设计与周边环境的关联，不会让庭院显得孤立。

此外，落地玻璃窗也能起到连接室内外空间的作用，如果围墙与落地玻璃窗相邻，可以利用墙面色彩将室内色彩体系延伸到室外，形成明显而又自然的连接。落地玻璃窗的反射效果来自镀膜玻璃，如果建筑外墙用的是普通钢化玻璃，可以在室内增加遮光窗帘来增强室外的反光效果。

↑建筑墙面为实在天然石材，室外地面同样以石材来铺装地面，利用类似材质来加强联系。

↑落地玻璃窗在白天能反射庭院景观，夜间透射出室内灯光，同时使得室内外之间好似没有了隔阂，能够相互照影。

（2）适当分隔空间。

分隔庭院空间可以塑造出不同效果，例如，一个长方形空间从中间分隔，就生成两个相似的正方形空间，形成对称效果。还可以在分隔空间中营造紧张、神秘、惊奇的气氛。设置一道简单的屏障，即可辟出一个休憩会客的场所，勾画出庭院的中轴线与焦点景物，使庭院充满生气。

单边隔墙能使庭院的重心偏向一边，形成不对称布局，中间留出通道的双边隔墙体现出规则对称的风格。分隔空间可以用木牌、砖墙、篱笆或植物。在面积较小的庭院中可以设置单边花架，并铺设一条小路，形成曲径通幽之感。僻静处放置一张躺椅或一组会客桌椅，形成幽静的休憩之所。家具可以横向布置，并配置太阳伞、石块做装饰。

↑以移动门来分隔室内外空间，间隔出休闲、娱乐空间。

↑石墙能够里外间隔庭院与马路空间，同时也将庭院分隔到庭院道路的两旁。

←运用半封闭的花架在建筑外围形成一条廊道，能够美化及划分空间。

（3）强化视觉效果。

强化视觉效果能体现庭院的精致，在一些庭院中可以利用透视效果，道路由近及远逐渐收窄，花盆与植物分列两边。花盆与植物也可由大到小排列，而后聚焦于道路尽头的转折墙体、雕塑或凉亭等焦点景物。

镜子也是庭院中营造氛围的常用工具，可以将镜子与庭院的注视点，如落地窗或椅子的转角稍微倾斜。也可借用大面积水面倒影来强化视觉效果。此外，玻璃窗也能产生这种效果，营造出强烈的反射，形成强化的视觉效果。

↑两侧夹道布置花卉植物，由远及近不断地收缩，能够提升观赏趣味性。

↑大面积玻璃窗及碧绿的池水能够反射庭院景点，提升视觉效果。

4. 庭院造景方法

（1）对景。

对景是相对于赏景点而言的。设一处赏景点来欣赏另一处景物，那么这处景物便成为另一赏景点的对景。庭院中如有许多对景的设置，则说明庭院的景物非常完美，甚至还可以做到某两点间能相互对景。

（2）透景。

在有限的庭院面积中，安排一条最长的透景线，就能显示出这个庭院的纵深感。在这条视线的末端，设置一些景物作为终结，这样的造景方法称为透景。透景以显示深远为主，能产生强烈的空间纵深感，可以让人感觉庭院的面积特别大。

↑近处躺椅、绿化带与远处长廊、山川形成对景。

↑入户大门前夹道种植植物能显示亭院的纵深感。

（3）框景。

框景是从窗框、门框、岩洞或树冠的间隙中所透视的景物，由于其四周的其他景物被阻挡而让露出的景物显得特别突出。

（4）接景。

接景也称添景，是设置在近景与远景之间的景物。在大面积庭院中，近景与远景相距甚远时，两者之间的联系就松散了，在中间设置接景便能使之联系起来。通过接景可以拓展庭院的视觉效果，无限延伸庭院的面积，营造开阔感。

↑框景。通过窗框观看外面的景色具有神秘感。

↑接景。庭院门旁树木是庭院内外之间的衔接。

（5）障景。障景应该是一组有观赏价值，且高度与宽度都必须阻挡视线的景物，如单独的树丛、树坛、假山、屏障、雕塑等。一般可在入口设置一组景物来阻拦视线。

（6）漏景。漏景是从围墙的漏窗，树丛的树干间，或花架的间隙中断续隐现透出景物。设置漏景的目的是告诉人们庭院中有景，能引起人的联想，并吸引人走近，进一步欣赏，引导人走遍整个庭院。

（7）夹景。视线被两侧的高墙、行道树、树丛或山岩等所制约，只能通过留出的夹道望见远处的末端，这时，末端即引人注目处，能够诱导、组织、汇聚视线。

↑在通行道路盘设置景墙，能遮挡背后景点，给庭院增添神秘感。

↑通过漏窗能领略外部风景，使人产生联想。

（8）点景。点景是用点缀的方法装饰景点或者景物，使景点更加丰富，生动。点景适用于视觉开阔，面积较大的庭院场地，周围没有明显参照物，从而体现点景的重要性与美感。

（9）借景。借景是取庭院范围所没有的景物，在庭院有限的范围内向外观赏。为了达到借景的效果，庭院中专为借景而设的赏景点是必不可少的。借用庭院周围的景观，如远处的高塔、临近的湖泊等，即使是靠近或毗连的两个小庭院之间，也可以做到相互透露，起到相互借景的作用。

↑夹景。狭窄的楼梯和高大的围墙给人安全感。

↑点景。在石头上题字是常见的点景手法。

↑借景。利用亭子内的圆孔造型借景。

★庭院小贴士

三位一体设计

在庭院设计中，只要三个类似的元素形成一组，就会产生统一感。三个同一种类的元素（而不是2个或4个）能够形成很强的统一感。当眼睛看到由偶数元素组成的一组，通常倾向于将它们分成两半，而数字3不容易再分，容易将它们看成一团。

在大多数情况下，使用奇数元素比偶数要好。例如，在庭院空间中有6株以上的植物，这时人眼可能会将它们视为一群，而不能分辨其为奇数还是偶数。如果一组植物中只有不足5棵植物，眼睛就会迅速辨别其奇偶。当然，有时在规则、对称的景观设计中偶数比奇数要好。

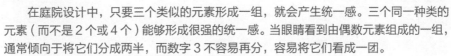

1.5 追寻庭院设计根源：让设计有可靠的历史依据

1. 我国庭院发展

我国的庭院发展历史悠久，从使用性质来分析，庭院主要是为满足游憩、文化娱乐、起居的要求而兴建。庭院的设计与建造最初具有强烈的功能性，仅仅满足游玩、狩猎。在封建社会后期，庭院融入了人文思想与政治思想，是地位与阶级的象征。进一步提升了庭院的观赏价值。

（1）商周时期。

我国庭院设计、建造已有三千多年的历史。《周礼》中记载："园圃树果瓜，时敛而收之。"《说文》中记载："囿，养禽兽也。"说明囿的作用主要是放牧百兽，以供狩猎游乐。在园、圃、囿三种形式中，囿具备了庭院活动的内容，特别是到了周代，就有周文王的"灵囿"。据《孟子》记载："文王之囿，方七十里"，其中养有兽、鱼、鸟等，不仅供狩猎，同时也是周文王欣赏自然之美，满足审美享受的场所。可以说，囿是我国传统庭院的一种最初形式。

↑ 狩猎图。描绘的就是古人在苑囿中狩猎的场景。

（2）秦汉时期。

到了秦代，秦始皇连续不断地营建宫、苑等不下三百处，其中有名的首推上林苑中的阿房宫，将樊川的水引来作池，苑中还有涌泉、瀑布，以及种类繁多的动物和植物，规模相当壮观。汉代所建宫苑以未央宫、建章宫、长乐宫的规模最大，汉武帝在秦上林苑的基础上继续扩大，苑中有宫，宫中有苑，在苑中分区养动物，栽培名果奇树。

↑秦代《阿房宫》（局部）   ↑汉代《未央宫》

（3）魏晋南北朝时期。

魏晋南北朝时期产生了许多擅长山水画的名手，善于画山峰、泉、丘、壑、岩等。画家所提供的构图、色彩、层次和美好的意境往往成为庭院艺术的借鉴。这一时期既是我国古典庭院建造的鼎盛期，又是重要的转折期。

↑顾恺之《女史箴》（局部）

（4）唐宋时期。

唐朝是中国封建社会的全盛时期，这一时期的庭院也加速发展。唐朝文人画家以风雅高洁自居，多自建庭院，并将诗情画意融入庭院之中，追求抒情的庭院趣味。宋代的庭院建造活动由单纯的山居别业转向在城市中营造城市山林，由因山就涧发展到人造丘壑。因此大量的人工理水、叠造假山与再构筑建筑成为这一时期的重要特点。

宋代庭院开始注重融入人文思想，将山水画、文学作品融入庭院，对庭院设计与布局开始升华，极大地提升了庭院的审美感。同时也开始对庭院进行开放式设计，在外墙上开设窗洞，形成借景的设计手法。

↑ 唐代王维《著色山水》（局部）

↑ 北宋画家张择端《清明上河图》（局部）

（5）明清时期。

我国的庭院发展达到了登峰造极的地步，我国现代庭院设计、建造基本上都是以明清时期江南园林为范本，明清庭院几乎遍及全国各地，江南以南京、苏州、扬州、杭州一带为多。庭院是为了满足官僚地主和富商的生活享乐而建造的。实际上，庭院是建筑的扩大与延伸，平日有许多活动如宴客聚友、读书作画、听戏观剧、亲友小住等都在其中进行。庭院的面积都不大，小的一亩半亩，中等的十来亩，大的几十亩。

↑ 明代《明人画出警图》（局部）

↑ 清代王原祁画作

2. 外国庭院的发展

漫长的岁月赋予各国庭院悠久的历史文明和独特的风格。从古埃及、古希腊、古罗马时期，到中世纪时期的庭院，直至文艺复兴后的庭院都有各自的特色。

（1）古埃及、希腊、罗马时期。

古埃及地处热带，人们对树荫的渴望引发了人们对植树造林的热衷，当时的庭院以树木园、葡萄园、蔬菜园为主，关注美的享受和宗教意义。

希腊庭院是以种植蔬菜果树为主的生产色彩颇浓的食用园，后来逐渐从食用园转向装饰园。此外，希腊还出现了屋顶庭院。

罗马时期庭院风格的一个方向是将希腊体育场的形式原封不动地移植到罗马的别墅庭院中，后来发展为田园型庭院和城市型庭院。从整体上来看，罗马时期的庭院与城市生活联系比较紧密，追求庄重与对称的布局形式。

(a)　　　　　　　　　　　(b)　　　　　　　　　　　(c)

↑希腊庭院。处处可见花卉植物，道路两旁香气宜人。

(a)　　　　　　　　　　　　　　　(b)

↑罗马庭院一般铺设大面积的平整草坪，呈对称式布局。

★庭院小贴士

如何实现小空间下的舒适户外活动场所

　　户外活动区在设计中要与室内设计风格保持一致，可将简易植物重复搭配使用，尤其是绿色和灌木类趣味植物，可以营造更开阔的连续性景观。庭院中的喷泉是较好的焦点景，水景的视觉清透，可使人感到畅快，将低矮的喷泉和灌溉的自由管道相连接，可以保证花园里随时有水流。在庭院中规划一个小储存区，存放园艺工具和胶皮水管等必要用具，座椅、桌子以及篱笆墙都可作为这个区域的隔墙。

　　（2）中世纪时期。

　　中世纪是修道院庭院时期，以意大利为发展中心。中世纪后期则是城堡庭院时期，以法国和英国为中心。修道院庭院涵盖了先前截然不同的实用庭院和装饰庭院，其中装饰园以回廊式中庭为主，是类似于希腊、罗马的柱廊式中庭构造，由教堂及其他公共建筑物围成。此外，富有东方情调的阿拉伯式或称伊斯兰式庭院还受到宗教的影响。

↑法国修道院庭院。中世纪庭院面积不大，常以穿廊来构筑庭院，绿化植物围绕穿廊种植。

↑中世纪城堡。中世纪流行比较规整的城堡式庭院，满足皇室贵族生活起居。

　　（3）文艺复兴时期至今。

　　1）意大利庭院。文艺复兴初期，意大利庭院带有古代的特征，后来发展起一种平台建筑式的造园形式，这是庭院史上的一个转变。此后的意大利庭院都以建筑构成为主，有宽大的平台、接连各层平台的台阶、绘有壁画的凉亭、青铜或大理石构筑的喷泉、古代雕像等。文艺复兴末期，庭院文化反而向另一种风格转化，出现了巴洛克式庭院。这种风格过分表现杂乱无章及繁琐累赘的细部，用繁多曲线制造出令人赞叹的豪华感。

←巴洛克式庭院。采用对称式结构，细节繁琐、精细，令人叹为观止。

2）法国庭院。法国民众尤其是年轻的建筑师对意大利文化极其倾慕，虽然在庭院细部上可以见到意大利风格的影响，但整体却还保持着规则的形状。到17世纪后半叶，法国开创了典雅庄重的风格，以规则的平面图案著称，对局部处理也颇见匠心，如刺绣花坛、组合花坛、喷泉、叠瀑、雕塑都是典型的特征。到了18世纪末、19世纪初，英国风景式庭院传入法国，又因为法国人对大自然的强烈热爱，在表现手法上比英国风景式庭院更为丰富多彩。

(a)

(b)

↑法国庭院。强化绿化植物的修剪，崇尚标准的几何形体，多偏爱喷泉及雕塑的结合。

3）英国庭院。英国庭院出现晚于意大利和法国。17世纪初，英国庭院以朴实无华的风格著称，廊亭、果园、造型植物、喷泉、花坛、小品构成了英国规则式庭院的主要特征。18世纪，英国涌现了大批风景画家和田园诗人，绘画与文学中热衷自然的倾向为18世纪自然式造园的产生奠定了基础，风景式造园从萌芽发展开始，直至名扬四海。

←英国庭院大面积花坛、喷泉等，朴实无华、内容丰富，具有田园风格和浪漫主义色彩。

Chapter 2
解析多种流行庭院设计风格

识读难度： ★☆☆☆☆

核心概念： 古典、日式、田园、现代、地中海、东南亚

章节导读： 庭院创意设计要上档次，必须有风格倾向，只有风格才能凝聚各种设计要素与精华。设计风格是历史、地域文化的传承，随意布置的庭院没有文脉，很容易被时间淘汰。目前，在我国比较流行的庭院风格都是室内装修风格的延续，集古今中外文化于一体的表现方式。庭院风格表现核心在于正确选用材料、构造、配饰，本章详细介绍这些内容。

↑中式庭院往往富有诗意，绿化植物以自然生长状态为主，追求自然和谐。

2.1 繁琐且多细节：雍容华贵的古典风格

1. 欧式古典风格

欧式古典风格属于比较正式的庭院设计风格，欧式古典风格是一种追求华丽、高雅的古典，其设计风格主要起源于欧式建筑，目前我国与世界各地运用最多的是新古典主义风格。欧式古典家具最完整地继承与表达了欧式古典风格的精髓，在庭院创意设计中起到主要作用。

（1）风格起源。

典型的欧式古典风格，以华丽的装饰、浓烈的色彩、精美的造型达到雍容华贵的装饰效果。庭院面积追求宽大，采取中轴对称布局，是欧洲宫廷建筑、别墅的延续。欧式古典风格在历史上有一套演变过程。文艺复兴风格庭院主调为白色，采用古典弯腿式家具。庭院中各种构造不露结构，强调表面装饰，多运用细密的绘画手法，具有丰富华丽的效果。多采用壁画、浮雕来装饰庭院墙面，庭院中的构造多采用装饰线条，并饰以白边或金边。

↑庭院主要以白色为主旋律。

↑墙面外面以浮雕、壁画为装饰。

欧式古典风格主要起源于法国，代表了巴洛克风格的最后阶段。设计形式大多小巧、实用，不讲究气派、秩序，呈现女性气势。巴洛克风格庭院具有豪华、动感、多变的效果，空间上追求连续性，追求形体上的变化与层次感。巴洛克装饰使用曲线、曲面、断檐、层叠的柱式，有收口或叠套的山花等不规则的古典柱式的组合，不顾忌传统的构图特征与结构逻辑，敢于创新，善于运用透视原理。使庭院色彩鲜艳，光影变化丰富。

↑欧式古典风格庭院绿化采取中轴对称布局，连贯、多变。

↑欧式古典风格庭院以绿植、花卉、喷泉、雕塑为主。

（2）设计元素与特色。

欧式古典风格庭院最大特点是在构件的造型上极其讲究，给人的感觉端庄典雅、高贵华丽，具有浓厚的文化气息，如喷泉台座、跌水、花台、雕塑、立柱、护栏等多采用石材或混凝土，造型细腻。

欧式古典风格庭院的地面主要以石材或仿古砖为主，适当采用防腐木、鹅卵石搭配。绿化植物以低矮的灌木为主，且修剪得非常整齐，适当点缀高大的乔木，并赋予各种几何造型，体现出古典主义时期几何数学的发达。

在对景观尺度和比例非常了解的基础上，把整个庭院的小径、林荫道和水渠分隔成许多部分；长长的台阶变换着景观的高度，使庭院在整体上达到和谐与平衡。花坛的中央摆放一个陶罐或雕塑周围种植一些常绿灌木，整形修剪成各种造型。花草容器里种植可修剪植物，或放置古典装饰罐，白漆大木箱，粗糙的小壁龛是欧式庭院的典型特色。

↑混凝土瓶装护栏全部涂饰白色乳胶漆。

↑建筑构造、户外家具都是丰富色彩的元素。

庭院色彩经常以白色系或黄色系为基础，搭配墨绿色、深棕色、金色等，表现出古典欧式风格的华贵气质。

庭院中会用到桌椅、秋千等，主要采用木质与金属材料，但是造型特别考究，细节不亚于室内家具。庭院中还可以增加壁炉用于户外聚餐或举办舞会。欧式古典庭院善于运用家具，将庭院作为室内空间的延伸，家具选择尽量注意款式与材质，线条较繁琐，家具造型与地面铺设的木材或仿古砖相匹配。

欧式古典庭院中的构件大多以黑色为主，可以采用白色或色彩较鲜艳的靠垫配浅色木纹家具，院墙上安装黑色灯具。此外，休闲长椅被广泛使用，常由防腐木料制成，涂上一层黑漆或淡绿漆。

↑乔木、灌木、草坪的色彩差异不宜过大。

↑木质桌椅与防腐木地相配。

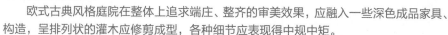

★庭院小贴士

欧式古典风格庭院

欧式古典风格庭院在整体上追求端庄、整齐的审美效果，应融入一些深色成品家具、构造，呈排列状的灌木应修剪成型，各种细节应表现得中规中矩。

欧式古典庭院以法国与意大利最为有名，大型庭院、园林主要以整齐的灌木与纪念喷泉为特色，并拥有足够空间来建造一些装饰构造，如日晷、神龛、供小鸟戏水的柱盆、花草容器等。花坛里只种颜色单一的同种植物，植物大多为观叶类、灌木类树木。花坛略带色彩，里面只种颜色单一的同类花草。欧式古典庭院注重构筑物与小品的设计，雕塑、立柱、凉亭、观景楼、方尖塔与装饰墙都比较常用。小型庭院中的构造大多与大型庭院、园林类似，只是品种较少，形体较小。

2. 中式古典风格

中式古典风格庭院历史悠久，主要分为北方皇家庭院与江南庭院两种类型，其中江南庭院为当今设计主流，重视寓情于景、情景交融、寓意于物、以物比德。

一直以来，中式古典庭院受古代文人画的直接影响，更重诗画情趣与意境创造，讲究含蓄蕴藉，其审美多倾向于清新高雅的格调。

庭院景观依地势而建，注重文化积淀，讲究气质与韵味，强调点、线、面的精巧，追求诗情画意与清幽质朴的自然景观，有浓郁的古典水墨山水画意境。

↑山石、水景、亭台是中式古典风格的精髓。　　↑山石垒砌要尽量复杂化。

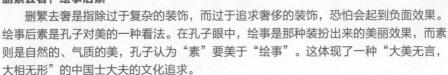

★ 庭院小贴士

删繁去奢，绘事后素

　　删繁去奢是指除过于复杂的装饰，而过于追求奢侈的装饰，恐怕会起到负面效果。绘事后素是孔子对美的一种看法。在孔子眼中，绘事是那种装扮出来的美丽效果，而素则是自然的、气质的美，孔子认为"素"要美于"绘事"。这体现了一种"大美无言，大相无形"的中国士大夫的文化追求。

（1）布局规划。

　　中式古典风格的庭院多以江南水乡园林布局为参照，在平面规划上追求分区多样、内容丰富、寓意深刻等特点。无论庭院面积大小如何，都会被山石、水景、构造、绿化这四大庭院要素分为多个主题区。如常见的山石布景、林荫小道、水榭亭台、游园穿廊等。平面规划讲究欲扬现抑、主体多样、有起有伏。假山石组合布景是必不可少的庭院构成部分。多采用太湖石、灵璧石等名贵石料砌筑假山，具体形态根据庭院空间来定，但是大多造型特别丰富，石料之间相互穿插、叠压，令人感到特别复杂，具有很强的视觉效果。

(a)　　　　　　　　　　　　　　　　(b)

↑假山石。可搭配绿植，也可以布置水景，山石光怪陆离，能塑造出磅礴的气势，适合中式庭院造景。

中式古典风格庭院的布局规划只要形式基本符合，就能体现原汁原味的传统风韵。例如，山石水景体量可以缩小，布置在墙角处，虽然不能穿行其中，但是能隔岸观鱼。又如，水榭亭台造价较高，可以在水池旁拓展一块平地，适用砖土垫高后铺设仿古砖，摆放户外桌椅家具，也能起到观赏远处风景的效果。

↑水榭亭台作为路径供人们行走、休息和娱乐。

↑幽静的庭院道路两侧应种植绿化植物来围合。

↑庭院内种植灌木填充空间。

★ 庭院小贴士

庭院面积过大怎么办

　　如果面积较大，山石砌筑之间可以配置流水，并预留走道供人通行，狭窄的通行空间使人感到压抑。在山石布景区周边可以种植多种乔木、灌木，种植密度较大，遮挡住山石布景区与其他庭院空间的视线，营造出林荫小道的神秘氛围。穿过短暂且曲折的林荫小道后即可见到豁然开朗的水榭亭台。

　　在较开阔的庭院空间中布置水池景观，池岸多采用黄蜡石或卵石砌筑，具有挡土功能，防止岸边泥土脱落至水中。水池中可养各种观赏鱼，水池上狭窄处可设置石板为桥，增添游览趣味。池边可以根据实际情况布置水榭亭台，营造出固定休息、聚会空间。最后，可以以水榭亭台为核心，在庭院围墙、屋檐辐射区内，设置穿廊环绕庭院，连通入户大门与庭院大门。

（2）陈设配饰。

中式古典建筑多以木材为主要材料，充分发挥木材的物理性能，创造出独特的木结构或穿斗式结构，讲究构架制式原则。受这种形式影响，庭院中的陈设、构件大多也采用木质材料，如木质隔断、围栏、雨篷等。大型配饰可以选用混凝土，如大型围墙、亭台；小品配饰也可以采用石质材料，如椅凳、花盆、台阶、桥梁等。

↑廊道雨篷。古朴又具情趣。

↑亭台。可以用来小憩或者观景，兼具功能及装饰作用。

在设计庭院时，要想快速融入中式古典风格，可以适当选用中式家具与古典装饰图案。在现代庭院空间中布置中式家具、构造，能给环境增添不少稳重感，能衬托出有涵养的知识氛围。

对于高端别墅庭院，经济条件较好的家庭，在中式古典风格的塑造上可以再上一个档次，以某种地域特色为核心，或强调工艺的精湛程度。尤其是面积充裕，可以增添山石水景，注入更多人文精神。

在庭院空间上讲究层次，多用隔窗、屏风来分割，做出结实的实木框架，以固定支架，中间用棂子雕花，做成古朴的图案。门窗对确定中式古典风格很重要，因中式门窗一般均是采用棂子做成方格或其他中式的传统图案，用实木雕刻成各式题材造型，打磨光滑，富有立体感。

↑山石造景可以添加绿化、水车等作为配景，能营造出故事情节。

↑方形墙角处布置圆弧形花台能柔化视觉。

2.2　间接富有禅意：拥有人文思想的日式风格

　　日式风格庭院受中国文化的影响很深，经过多年发展，形成独有的自然式山水庭院，细节处理是日式庭院最精彩的地方。日式庭院的平和、安静、隐忍，会令人感受到心灵安宁。日式风格庭院主要有以下几种类型，均可以根据实际情况加以变形运用。

↑日式风格庭院。

1. 枯山水庭院

　　约6世纪，佛教由中国传入日本后与日本本土的神道教融合，约13世纪，中国佛教宗派"禅宗"在日本流行，它使日本庭院设计更趋严谨、自然。

　　禅宗庭院内的造景元素多为静止、不变的色调，如苔藓、沙砾、石头、常绿树等，庭院内基本上不使用任何观花植物，灌木、小桥、岛屿甚至水体等要素均被剔除，仅留下岩石、天空与土地等，运用极其简单的材料创造不凡的庭院景观，给人以无限的遐想，产生极大的心灵震撼。

(a)

(b)

↑枯山水庭院。绿树、砂砾、石块的组合，营造出禅意的氛围，给人留下想象的空间。

　　枯山水庭院中的主要景观构造是岩石，常采用花岗岩、片磨岩等有个性的石种，还有浅色系的沉淀性岩石，如石灰岩或火山岩等。岩石的设计布局要经过反复推敲，一般设置多为单数，3~5块岩石为一组，注重大小搭配，造型生动而富有整体韵律感。由于石块呈不规则状，铺设时要加强石块之间的呼应与协调，与整个环境取得一致。

　　砂砾在枯山水庭院中运用也很多。一般选用的材料多为细砂石或小碎石。砂砾的最佳色彩为浅灰色与浅灰白色，整平后耙出纹理，可形成不同的象征意义。直线条可喻为静水，小波纹可喻为轻缓溪流，大波纹可喻为急流。

　　此外，还可以设计出流水造型，如竹栅纹、曲线纹、螺旋纹、花纹、大海波纹、方格纹等，创造出无水庭院的造型美。

(a)

(b)

↑砂石被耙出水波纹的形状铺在院中，不规则山石置于砂石中，"山水"的意境被营造出来，整体上富有韵律感。

★ **庭院小贴士**

枯山水庭院

　　枯山水是日式风格庭院的重要组成部分，一般是指将单一色彩的细砂碎石铺地，再加上一些别致的石块所构成的缩微式景观，偶尔也包含苔藓、草坪或其他自然元素。

　　枯山水并没有真实的水景，其中水通常由砂石来表现，而山通常用石块来表现。有时也会在砂石的表面画上纹路来表现水的流动。枯山水字面上的意思为干枯的景观或干枯的山与水。枯山水常被认为是日本僧侣用于冥想的辅助工具，所以几乎不使用开花植物，这些静止不变的元素具有宁静的效果。枯山水在现代庭院中运用不多，一般小面积点缀，风格塑造效果不太明显，如果希望设计枯山水，则面积应达到 4 ㎡ 以上，否则很难烘托效果。

　　枯山水庭院属于禅宗庭院。禅是一种从人自身内部而不是外部寻求真理的信仰，禅僧一无所有，过着简朴的生活，他们每天都要久久地面壁冥想，以求达悟，枯山水庭院最初是为他们修行而设计的。空落落的庭院，只有黑糊糊的岩石孤零零地立在一片耙过的白沙地上，在这里不由自主地静坐下来，思绪可以在这里蔓延开来。

2. 回游式庭院

　　回游式庭院最早出现在17世纪，一般规模较大，其面积可达3～4公顷，严格意义上只能称为公园，但是其中的布景元素特别丰富，在现代庭院设计中具有借鉴价值。

　　其大部分面积由较大水面构成，将驳岸、岛屿设计成不规则状且弯曲自由，踏步石变化较大，促使人们将观赏速度放慢，引导人们欣赏庭院景观，以增添休闲的趣味。

(a)　　　　　　　　　　　　　　　　(b)

↑回游式庭院。其面积一般较大，庭院景致丰富，亦步亦趋。

回游式庭院包含了日式风格庭院中所有的设计要素，如竹篱笆、山、园路、岛屿、景墙、水池、溪、桥、石灯笼、石水钵等，主要造园手法借鉴中国传统庭院手法，常用"借景""漏景"来进行空间布局。

↑"借景"。从回廊窗洞"借景"，从室内也能欣赏到庭院中的景色。

↑"漏景"。从打开的大门处"捡漏"，偶尔可见院外的景色。

回游式庭院的植物以常绿植物为主，如槭树、五针松、罗汉松、日本铁杉、常绿杜鹃等。常绿植物不仅可以保持园林的景观风貌，也可为色彩浅亮的观花或观叶植物提供绿色背景，而使园林色彩更为丰富多彩。回游式庭院将庭院的观赏性景观与静谧自然的乡土气息的风景融为一体，表现出植物形体的高雅、沉静，以及植物色彩的生动多姿来显示天然野趣。

↑大片植物种植是回游式庭院的特征。

↑用卵石代替真实的水流。

在现代庭院中也可以运用回游式庭院的设计思想。可以将水池面积减小或变窄，适当增添石灯笼、石水钵、竹篱笆等配饰，根据当地气候种植小型乔木、灌木，很容易形成独特的日式风格。

(a)　　　　　　(b)　　　　　　(c)　　　　　　(d)

↑ 在庭院水池中圈养锦鲤，放置石水钵、石灯笼、山石、绿植，以此来减少池水面积，营造日式氛围。

3. 茶道庭院

日本僧人有饮茶习俗，并形成了自己的茶道，日本庭院也被茶道始祖提炼成为茶道庭院。茶道仪式形式繁多，庭院中设有茶亭，布置不能简单随意，每件物品都有其特定用意。

茶道庭院中道路旁设有石质洗手盆，一般放置在庭院较隐蔽处，用于净体或漱口仪式。

石质洗手盆有两种类型，一种为低矮的蹲式洗手盆，屈身前倾才能洗手，表现人的谦卑感，现在也被简化成铺装石材的地面；另一种为1m高左右的立式洗手盆，多设置在走廊、游廊或外廊，但是一般都使用较矮的蹲盆。

(a)　　　　　　　　　(b)　　　　　　　　　(c)

↑ 日式庭院"蹲踞"洗手盆、立式洗手盆。

★ 庭院小贴士

古朴原味的质感使人产生对自然、对回归的向往之情，目前，石质洗手盆成为日式风格庭院的标准配饰，在很多园林景观市场都能买到。

　　石灯笼在茶道庭院中的主要功能是照明或装饰，主要材料有铁、铜、木、石等，但通常以石质灯笼为主。在庭院中欣赏石灯笼，会令人感到每款都洋溢着古朴美，它与洗手盆一起成为日式风格庭院中的固定设计要素，表达出水与火既对立又统一的思想。

(a) (b)

↑石灯笼可做照明使用，现代石灯笼多采用直立状，且与洗手盆相对。

　　在茶道庭院中，也存在各种隔断或围护物所限定的小型室外空间。最典型、最普通的是植物围篱，围篱形状多变，由竹节、树皮、编制条、灌木杆及树枝等制成。在茶道庭院中，竹材的运用极为广泛，有竹篱笆、竹围、竹帘、竹质流水筒等。它与大门入口处种植的苔藓植物相搭配，表明庭院是与世隔绝的私人空间，现在的竹篱笆多为装饰功能，仅表现出日式庭院的风格特色。

(a) (b) (c)

↑采用低矮的竹篱笆围合、装饰空间，在道路的两旁种植低矮的灌木也能起到围合的作用。

　　日式风格庭院的设计元素与特色主要体现在以下几方面。

　　（1）石钵。

　　石钵用于庭院配饰的钵为石制品，一般由花岗岩经过雕刻而成，也有原石天然造型，根据庭院整体面貌来选定。

　　（2）惊鹿。

　　惊鹿又称添水、惊鸟器，是采用竹筒制成的盛水装置。通过杠杆原理运动，利用储存到一定量的流水使竹筒摇摆，竹筒摇摆敲击石头发出声音，用来惊扰落入庭院的鸟雀。

↑传统石钵多采用天然石材雕琢。

↑惊鹿是日式风格庭院中的精髓。

　　（3）石灯笼。

　　传统的石灯笼形式多样，一般在其中点上蜡烛，在夜间有很好的景观效果。

　　（4）架空木平台。

　　由于日本是岛国，地势不平整，大多数建筑架空设计，一般的木平台都设置在建筑外部，采用防腐木制作。

↑石灯笼是日式庭院中独特的小品景观。

↑架空木平台下部一定要有悬空高度。

2.3 轻松浪漫的生活写意：乡村田园风格

田园风格是以田地与园圃特有的自然特征为形式手段，带有农村生活或乡间艺术特色，表现出自然闲适设计流派。目前，田园风格是一种大众化庭院风格，其主旨是通过装饰装修来表现出庭院的田园气息，不过这里的田园并非农村的田园，而是一种贴近自然、向往自然的风格。

←草坪面积较大，尽量保持平整。

1. 英式田园风格

英式田园风格在18世纪受殖民主义政策影响，设计形式变化较大，庭院内可以加入各种陈设、构造，这些物件来自世界各地，如中国的瓷器与山石，日本的枯山水与地席，南美的木雕与图腾等，这些都可以成为英式田园风格庭院的重要组成部分。

英式田园风格庭院布局大多比较规整，以大面积草坪为主，追求开阔的视野。绿化植物以低矮的灌木为主，会修剪得非常整齐，甚至具有一定的几何形态。

↑英式田园庭院，灌木修整规则，视野开阔。

↑庭院道路可采用天然石材的边角料铺设。

庭院的墙面多采用石材砌筑或铺贴，也可集中在某一面墙上，随意绘制涂鸦。庭院内摆设的家具多以奶白、象牙白等白色为主，户外家具多采用高档的桦木、楸木等制作框架，通过金属螺栓固定关节。

↑墙面涂鸦多采用自动喷漆，边缘多为黑色，图样可以随意发挥。

↑庭院内家具成品多为白色。

2. 美式田园风格

美式田园风格又称为美式乡村风格，是目前各种田园风格中的典型代表，因其自然朴实又不失高雅的气质而倍受推崇，然而纯正的美式田园风格庭院细节非常丰富，它与英、法式田园风格有类似之处，但是又有明显区别。

美式田园风格追求田野与园圃特有的自然特征，表现出带有一定程度的农村生活或乡间艺术特色，能烘托出自然闲适的风格。

美式田园风格倡导回归自然，在庭院环境中力求表现悠闲、舒畅、自然的田园生活情趣，也常运用天然木、石、藤、竹等材质质朴的纹理。

(a)   (b)   (c)

↑木质指示牌、藤蔓植物、布艺抱枕、木质沙发等，这些相搭配，表现出寻求自然、天然质朴的风格。

美式田园风格有务实、规范、成熟的特点，在材料选择上多倾向于坚硬、光洁、华丽的材质。

　　美式庭院的面积一般较大，常采用防腐木铺设道路，在周围撒些石子，这样看起来不仅大气，也节约木材。防腐木在岁月的打磨下还能呈现出不同的质感与状态，一年四季都能给人带来不同的惊喜。

↑原木制作的桌凳具有天然质感。

↑防腐木道路具有一定弹性，行走舒适。

　　美式庭院务必要选择那些具有设计感、品质感的户外家具，才经得起日晒雨淋。虽然美式庭院在绿色植物的种植上比较随意，但也不能太大意，应该沿路或靠边有序地种植一些小株季节性草本科植物，如牵牛、秋海棠、洋水仙等。

　　美式田园风格庭院还注重家庭成员间的交流，注重私密空间与开放空间的相互区分，庭院是建筑室内的延伸，庭院中多会摆放宽大的餐桌与丰富的日常用品用于聚会，因此重视家具与日常用品的坚固性。

　　美式田园风格庭院的塑造中心在于宽大的餐桌，更多面积被砖、石等铺装材料覆盖，可以采用木质栅栏、地板，庭院中拥有活动区与户外停车位。

　　庭院绿化多以平整的草坪为主，周边围栏较低矮，少有灌木，追求通透的视野。美式田园风格的家具通常简化装饰线条，主要材料为实木、手工纺织物、自然裁切的石材等。

↑洋水仙是美式田园风格庭院的必备植物。

↑庭院是室内延伸的一部分，摆放柔软的沙发椅，是休闲、娱乐的好去处。

3. 法式田园风格

法式田园风格是欧式田园风格的代表，主要表现法国南部乡村与西班牙等南欧国家的田园风情，在设计上讲求心灵的自然回归感，给人一种扑面而来的浓郁气息，将很多精细的后期配饰融入庭院设计中，充分体现安逸、舒适的生活氛围。

←自由生长的绿植、花卉是庭院的主体，庭院的色彩比较浓厚，多为南欧风情。

庭院中遮雨部位可以大量使用碎花图案的布艺与挂饰，庭院中的各种构造多采用华丽的轮廓，墙壁上会挂置壁灯、花盆，甚至壁画。自然清新的鲜花与自由生长的绿色植物是主要点缀对象。

↑采用绿化植物将庭院完全包围起来，另外墙面本身自带雕塑、壁画等装饰。

↑大面积较小的庭院可采用多种植物搭配。

法式田园风格庭院中也会摆设桌椅等家具，其特点主要在于家具的洗白处理与大胆配色，以明媚的色彩设计方案为主要色调，家具的洗白处理能使家具呈现出古典美，多采用红、黄、蓝三色配搭，能表现土地肥沃的景象，而椅脚被简化的卷曲弧线与精美的纹饰也是法式优雅乡村生活的体现。桌、椅等庭院家具追求细腻的转角线条，色彩不限，最好能购置典型的法国古典主义家具或洛可可风格家具。

↑大片绿植带来清新的气息，点缀色彩艳丽的　　↑洛可可家具是法国古典主义的象征。
粉色玫瑰，风格细腻、明艳。

　　法式田园风格塑造比较复杂，整体风格主要通过细节来表现。绿化植物可以适
当选用亚热带或热带得阔叶植物，具有良好的遮荫效果。 地面可以铺设防腐木地
板，墙面可以根据实际条件制作壁泉或跌水景观，或在墙面上挂置花盆、花篮，配
置色彩丰富的鲜花。

↑塑造烦琐，整体采用低矮的灌木组合、排列、修剪构成，布局大气、高贵、典雅。

↑庭院色彩比较浓重，多为南欧风情。　　↑雕塑跌水及喷泉设计，也是庭院的一幅
动态画。

2.4　紧凑便捷的时尚之旅：精简生活中的现代风格

现代风格又称为简约风格，现代风格庭院体现的就是一种简约之美，建造现代主义风格庭院搭配20世纪末建成的建筑最为合适。当然，任何建筑，只要不是很典型的规则风格，都可以同现代风格庭院相搭配。

←现代风格庭院

1. 布局规划

现代风格庭院很受业主欢迎，特别适合面积较小的庭院，经过现代风格创意设计后，能显得十分充实、饱满，不再给人空洞、廉价的感受。

现代风格庭院在布局规划上没有固定模式，但是大多采用特别简单的方形、矩形、三角形、圆形等几何形为主要轮廓，彼此间相互组合、穿插、交错、叠加，最后得到比较丰富的庭院空间。

现代风格庭院以最简单的线条勾勒分析出空间整体结构，以独具个性的色彩搭配，对空间形成冲击感，从而以最简单的方式扩大庭院空间。简约并不等于简单，它在设计上更加强调功能，强调结构和形式的完整。

(a)

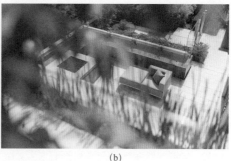

(b)

↑庭院布局采用方形设计，景观、休息区相互叠加组合。

2. 设计要点

现代风格庭院的色彩对比强烈、艳丽多彩。构图灵活简单，主要以几何形为主，既美观大方，又不乏实用性。

地面铺设常用天然石材、鹅卵石、木板、混凝土等材料制成几何形体。常用钢材、不锈钢、水泥、混凝土及经过镀锌处理的材料饰边，另外还会配置玻璃与钢丝等工业感较强的材料饰面。现代风格庭院强调简约，但所用陈设配饰的材料都是经过精心选择的高品质材料。创意雕塑品、艺术花盆、家具等都是庭院的主要元素。

↑艺术陶盆。　　　　　　　　　　　↑创意木雕桌凳。

绿化植物主要起到柔化坚硬建筑材料的作用，垂直高大的植物在结构与形象的视觉效果非常好。现代风格庭院主要是通过新材料的应用、质感的对比、小品色彩活跃气氛，搭配简单抽象元素，突出庭院的新鲜时尚与超前感。

↑童子雕塑结合绿植营造出雕塑的整体意境，也　↑庭院中造型独特的小鸟雕塑简洁、时尚。
烘托出庭院的主题。

★ 庭院小贴士

LOFT 风格庭院

　　LOFT 风格也是现代风格中的一种，指的是那些由旧工厂或旧仓库改造而成的，少有内墙隔断的高挑开敞空间，它具有流动性、开放性、透明性、艺术性等特征。LOFT 风格庭院常用玻璃、砖石、水泥、金属、木材等装饰材料相互搭配，形成强烈的质感对比，如不锈钢与人造皮革相搭配，或玻璃与石材相搭配，它们高度吸引人的注意力，同时又产生一种干净利落的效果。LOFT 风格庭院可以非常开敞、高大，也可以十分狭小，但是一定要自由、流动，具有灵活性与创新性。

3. 风格设计核心

现代风格庭院的设计风格一定要把握准确，不宜在同一个庭院中搭配多种设计风格，尤其是在面积大的空间里混搭各种风格的元素。如果希望庭院变得更加丰富，可以在空间中划分区域，分区设计风格，即使这样，两种风格之间也不要有太大差异。

现代风格庭院设计核心即是简约，堆砌过多构造很容易改变原有本质。增加过多的装饰线条，过繁的镂花雕刻等会将现代风格转化成后现代风格，这些风格在庭院中并不凸出，很容易让人感到杂乱无章，没有明确的设计倾向。现代风格庭院的布局规划并没有固定模式，只是以简约的几何形为主，注意避免烦琐，减少不必要的装饰。

(a)

(b)

↑ 将中国古典元素融合进现代风格庭院之中。

↑ 用简单的集合线条组合成花坛。

↑ 避免烦琐，整个庭院只采用一个主题，所有的元素都围绕着这个主题来行进。

2.5 具有文脉特征的畅想情怀：清新典雅的地中海风格

地中海风格也是近年来流行的异域风格之一，地中海周边国家众多，民风各异，但是独特的气候特征还是能呈现出显著特点。地中海风格庭院平面布局没有严格要求，安排的设施、构造以业主喜好为准，基本特征是色彩明亮、布置大胆，具有鲜明的民族风情，具有亲和力，能被世界各地人群所接受。

↑蓝色马赛克铺装的游泳池是风格塑造的重点。

1. 纯美色彩

地中海风格庭院特色就在于拥有纯美的色彩，如西班牙蔚蓝色海岸与白色沙滩，希腊碧海蓝天下的白色村庄，南意大利的金黄色向日葵田园，法国南部蓝紫色薰衣草，北非沙漠岩石的红褐与土黄色组合。由于光照充足，所有颜色的饱和度很高，能体现出色彩最绚烂的一面，具有很强的装饰效果。地中海风格庭院主要采用三组典型颜色来搭配，分别是蓝与白，黄、蓝紫与绿，土黄与红褐。在白墙上随意地涂抹修整能形成特殊的肌理效果，与天空衬映出蓝与白。

庭院家具尽量采用低纯度、线条简单且修边浑圆的木质产品，以黄、蓝紫与绿为主。地面则多铺赤陶地砖或具有天然石材色泽的仿古砖，表现为土黄与红褐。

←白色墙面、蓝色门窗框与黄条纹藤椅是典型的地中海风格。

↑红褐色圆陶盆、地面土黄色的石粒，这些都是地中海庭院元素。

↑地中海庭院地面多铺装赤陶地砖。

2. 构造元素

地中海风格庭院中的建筑特色是：拱门、半拱门、马蹄状的门窗。庭院建筑中的圆形拱门及回廊通常采用数个连接或以垂直交接的方式，在行走过程中观赏，能出现延伸的透视感。

庭院的墙面均可运用半穿凿或全穿凿的方式来塑造镂窗。围绕拱形构造，墙体、柱体、围栏上的线条不修边幅，显得比较自然，形成一种独特的浑圆造型。拱形构造可以贯穿庭院内外，墙面转角、门窗洞口、游泳池边缘、花台基础等都可以赋予拱形构造。

地中海庭院还要注意绿化，爬藤类植物是常见的植物，小巧可爱的绿色盆栽也经常使用，流露出古老的文明气息。在花丛间添置老树桩、竹筒、石头、绣铁罐等什物，给庭院带来历史人文味道。独特的锻打铁艺家具，实用的藤制桌椅、吊篮等，也是地中海风格的独特表现。

←拱形喷泉造型是地中海风格的特色。

↑拱形窗洞是风格特色，外墙绿化中配置红色观花植物。

↑蓝色马赛克铺装的游泳池是风格塑造的重点。

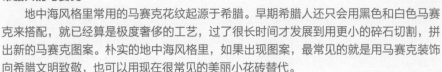

★ 庭院小贴士

希腊人的马赛克

地中海风格里常用的马赛克花纹起源于希腊。早期希腊人还只会用黑色和白色马赛克来搭配，就已经算是极度奢侈的工艺，过了很长时间才发展到用更小的碎石切割，拼出新的马赛克图案。朴实的地中海风格里，如果出现图案，最常见的就是用马赛克装饰向希腊文明致敬，也可以用现在很常见的美丽小花砖替代。

2.6 追寻宗教与地域的融合：多样变化中的东南亚风格

东南亚风格是近年来庭院设计的流行趋势，国内旅游业发展促使很多游客领略到了东南亚国家的风俗人情。采用东南亚风格设计，给人带来不俗的异域风情，这种风格特别适合我国南方地区的庭院。

↑东南亚地区偏爱自然的原木色，视觉上有泥土的质朴感。

↑东南亚当地的文明与佛教有密切的关系。

1. 布局规划

东南亚风格庭院的布局集中式古典风格与欧式古典风格为一体，带有游泳池、观赏水景、装饰墙、休息平台、亭子等多种元素。细节上以中式古典风格为主，但是整体布局确讲究规整，受现代主义风格影响，显得比较端正。

↑庭院元素较多，要仔细搭配。

↑中式传统造型一般出现在庭院中。

庭院大门面向南面，四周有围墙，高度适中，庭院道路直达入户大门，能方便行走。建筑背后一般种植形体高大的热带树木，同时也能衬托建筑。道路两侧安排游泳池与观赏水景，尤其是观赏水景与装饰墙相结合，增添各种壁泉、喷泉、跌水等造型，具有很强的欧式古典风情。

↑庭院大门直对入户大门，交通便捷。

↑后院多种植大型热带树木。

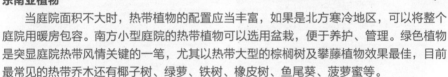

★庭院小贴士

东南亚植物

　　当庭院面积不大时，热带植物的配置应当丰富，如果是北方寒冷地区，可以将整个庭院用暖房包容。南方小型庭院的热带植物可以选用盆栽，便于养护、管理。绿色植物是突显庭院热带风情关键的一笔，尤其以热带大型的棕榈树及攀藤植物效果最佳，目前最常见的热带乔木还有椰子树、绿萝、铁树、橡皮树、鱼尾葵、菠萝蜜等。

2. 独特的材料

　　东南亚风格庭院广泛地运用木材与其他天然原材料，以水草、海藻、麻绳等粗糙、原始的纯天然材质为主，带有热带丛林的味道。这些材料在色泽上保持自然材质的原色调，大多为褐色等深色系，在视觉上给人以泥土、质朴的气息。

　　东南亚风格庭院的家具与构造应该显得平和而容易接近，材质多为柚木，呈咖啡色，光亮感强，做旧工艺多。

　　庭院家具、构造的制作材料不拘一格，如印度尼西亚的藤，马来西亚的风信子、海藻等水草，泰国的木皮等，这些天然材质散发着浓烈的自然气息，具有泥土的质朴。

↑木质穿廊多涂饰为深色。

↑亭台多隐藏在树丛中。

常见庭院风格一览

序号	风格	图例	特征
1	古典风格	欧式古典风格	华丽的装饰、浓烈的色彩、精美的造型达到雍容华贵的装饰效果。庭院面积追求宽大，采取中轴对称布局，是欧洲宫廷建筑、别墅的延续
		中式古典风格	庭院景观依地势而建，注重文化积淀，讲究气质与韵味，强调点、线、面的精巧，追求诗情画意与清幽质朴的自然景观，有浓郁的古典水墨山水画意境
2	日式风格		自然式山水庭院，细节处理是日式庭院最精彩的地方，日式庭院的平和、安静、隐忍，会令人感受到心灵安宁
3	乡村田园风格	英式田园风格	以大面积草坪为主，追求开阔的视野，绿化植物以低矮的灌木为主，会修剪得非常整齐，甚至具有一定几何形态
		美式田园风格	以自然朴实又不失高雅的气质而倍受推崇，然而纯正的美式田园风格庭院细节非常丰富，追求田野与园圃特有的自然特征，表现出带有一定程度的农村生活或乡间艺术特色，能烘托出自然闲适的风格
		法式田园风格	讲求心灵的自然回归感，给人一种扑面而来的浓郁气息，将很多精细的后期配饰融入庭院设计中，充分体现安逸、舒适的生活氛围
4	现代风格		大多采用特别简单的方形、矩形、三角形、圆形等几何形为主要轮廓，彼此间相互组合、穿插、交错、叠加，最后得到比较丰富的庭院空间
5	地中海风格		布局没有严格要求，安排的设施、构造以业主喜好为准，基本特征是色彩明亮、布置大胆，具有鲜明的民族风情，具有亲和力
6	东南亚风格		庭院广泛地运用木材及其他天然原材料，以水草、海藻、麻绳等粗糙、原始的纯天然材质为主，带有热带丛林的味道

Chapter 3
不断完善的庭院设计细节

识读难度： ★★★☆☆

核心概念： 边角空间、流水景观、景观小品、调整与疏导、布置与设计

章节导读： 在庭院的创意设计中要考虑周全，不断完善细节，将生活中的方方面面都要考虑进来。在庭院中，绿化植物占据主要空间，自然生长的植物能掩盖很多细节，这也就容易遗漏瑕疵。户外保洁工作也需要业主花费不少时间，在日常维护、保养中很难尽善尽美。本章主要介绍庭院诸多细节的处理手法，在了解了创意的核心之后，内容上不断提升创意设计。

↑ 庭院设计尽善尽美，注重细节的优化。

3.1 不放过任何边角空间：对庭院局部空间深化设计

庭院的边角空间是指主要功能空间之间的衔接空间或剩余空间，如走道与停车位之间的空间、休闲区与围墙之间的空间、绿化或水景的边角空间等。这些空间往往都用绿化植物来填充，但是往往显得杂乱无章，原因在于单纯地填补边角只能在视觉上遮掩空间，并没有付出创意，也就达不到好的效果。因此填补边角空间需要仔细考虑，深入创意，提升庭院空间的设计层次。

↑大小、高低不同的盆栽整齐摆放能填补夹角空间。

↑座椅背靠大树设计，人性化设计的同时，更多的是丰富庭院空间层次。

1. 边角空间的界定

庭院中的边角空间无处不在，而且很多边角空间的面积不小，设计师与业主在设计时很难界定，没有明确界定也就无法着手设计了。庭院中的边角空间主要分为以下两种类型。

（1）夹角空间。

夹角空间主要是指墙体、花坛、水池、构造等硬件围合或半围合的内凹空间，这类空间面积不大，往往在1m^{2}以内。最常见的设计方法是摆放盆栽，这样能遮掩角落的阴暗空间，既能填满空间，又能形成观赏点。在硬件上对夹角空间进行改造，使用砖、石等砌筑材料将夹角空间砌筑填充，这样在视觉上能彻底取消夹角感受。经过砌筑的角落也会显得更加厚重，给人心理上增添安全感。

←遮掩、改造夹角空间。

(a)　　　　　　　(b)　　　　　　　(c)

（2）交错空间。

交错空间是指两个功能空间之间的剩余空间，在日常使用中，这类空间可能会根据需要融入其中某一空间中，但是使用频率又不高。交错空间的魅力在于将两个不相关联的空间紧密联系起来，提升庭院的饱和感。

在交错空间中，可以选用不同于停车位或休闲区地面材料铺装，如草坪、砖石等均可，这样在视觉上就有了明显界定，还能让庭院显得十分丰富、厚重，给人心理上增添安全感。

左：木栈道转角处可以堆砌石材填补空隙。

右：在水池边种植花草来填补空隙、分隔空间。

★ **庭院小贴士**

中式庭院特有的空间形态

中式庭院空间由院墙、连廊、房屋的山墙等界面围合而成，从而产生墙的封闭与连廊的通透，两种不同空间界面的对峙。空间的形态往往由于长、宽、高的不同，成为一种狭长的缝隙空间，而且产生垂直发展的空间倾向，这些中式庭院与西方庭院基本相同，不同之处在于中式庭院最终会形成不同的空间氛围与意境。

2. 注入使用功能

庭院的边角空间不是一两处，浪费是很可惜的。小型庭院的边角空间不能仅仅满足于观赏，还应注入使用功能。给庭院注入使用功能的关键在于要适应生活习惯，不能仅仅为了填补边角空间而增添功能，否则不经常使用，会造成投资浪费。

注入使用功能的方式是增加硬件设施，这些设施会增加庭院施工成本，应当谨慎考虑，对于休闲为主的使用功能，使用频率不高，不必投入过多，如水景、菜园、休闲区等。

←在庭院空间中设计儿童娱乐及休闲品茗的场所。

(a)　　　　　　　　　　(b)

　　而对于生活为主的使用功能，使用频率较高，可以适当投入，如通行回廊、镂窗等。给边角空间注入使用功能，特别适合面积有限的庭院，能进一步丰富庭院的空间布置，提升使用价值。

　　在庭院围墙上开设漏窗能获得良好的采光，促进庭院内绿化植物的光合作用，同时能加强庭院空气流通，提高庭院空气质量，更显有古典韵味。在庭院边角制作台柜、花架，可以存放杂物或打扫卫生的各种装备。在边角砌筑储水池，连接水管，能用于洗车或灌溉。在边角开荒播种，可以种养花卉、果蔬，享受田园生活。在边角架设亭台，布置桌椅，能获得更高更远的观景点。

↑木制花架能存放很多常用物品。　↑镂窗具有通风、采光、观景多功能用途。　↑回廊具有观赏视野好的特点。

3. 柔化视觉效果

　　边角空间往往显得比较生硬，将盆栽植物摆放在生硬的墙角可以起到柔化效果，落地摆放的盆栽植物形体要大，枝叶的生长应超过墙面高度的70%，或直接在墙角地面、花坛上种植多种灌木、乔木，组合后的效果比较柔和。还可以在墙角处种植攀藤植物，如地锦、牵牛等，生长后能覆盖墙角，起到柔化效果。如果条件允许，可以在庭院边角制作水景，如跌水、壁泉等。

　　边角空间的地面通常比庭院中心地面高，高差为100～300mm，如果边角覆盖土壤，高差可以达到500mm以上，这样能将庭院的观赏视觉转到中心部位，而不会长期停留在边角上，这也是柔化视觉效果的重要方法。

↑在墙角边角花坛中种植修长的竹子，能够完整地遮掩墙面，进而柔化、修饰边角区域。　↑通过不同的材质太高墙角边角，修饰墙角空间。

3.2 设计定位精准：对使用功能进行调整

调整使用功能是现代庭院创意设计的关键。因为面积充裕且风格独特的庭院往往投资很高，业主希望在花高价布置的庭院中获得更多使用功能，满足长时间户外生活起居行为。所以，要将庭院空间的使用功能进行调整，做到空间最大化利用。

←在庭院有限的空间内开发更多的使用功能，如娱乐、休息、饮食等。

1. 列出功能

庭院的造景元素与使用功能关系密切，每项功能的占据面积大小不一，以填满整个庭院70%的面积为佳。

面积较小的庭院中主要包括绿化种植、通行道路等；面积稍大些的庭院可以加入水池景观、停车位、休闲桌椅、阳光房等，面积充裕的庭院可以加入亭台、穿廊、喷泉、跌水、雕塑等；面积更大的庭院可以加入草坪、枯山水、小广场、游泳池、球场、大型假山石等。

↑休闲区域设计

↑跌水设计

2. 分析功能

分析功能的目的就在于进一步筛选、调整庭院的使用功能。这时，应对所列各种元素、构造进行细致分析，主要分析庭院元素、构造的以下四个方面内容。

（1）美化亮点。

美化亮点是庭院造景的首要功能，庭院的设计品质最终依靠美化亮点来烘托。如在庭院道路两侧的对植灌木、在入户大门前的对植乔木等，这些都能衬托出建筑的大气。清澈的跌水从墙壁上流下，水花与水柱在日光照射下能形成晶莹透彻的效果，能让整个庭院更加出众。庭院的造景元素的亮点可以只有一两处，这是庭院创意设计的关键所在。

(a)

(b)

↑庭院创意设计

（2）使用频率。

仔细分析元素、构造的使用频率，综合评估设计施工的价值。有些功能虽然实用，但不是每天都会用到，相对于巨大的占地面积而言，就显得有些得不偿失了。大面积玻璃雨棚、阳光房、游泳池等，如果家庭成员每天都忙于学习、工作、出差，很少有时间在庭院中晒太阳、游泳，那么这些庭院元素、构造的使用频率就会无限递减，最终成为鸡肋。还不如换成茂盛的绿化带或平整光洁的草坪，会显得更随意。

(a)

(b)

↑根据实际使用情况，选择性地增设庭院设施，也可以大面积"留白"，铺设草地或地砖。

（3）工程造价。

工程造价是分析功能的核心，庭院造景位于户外，容易受自然气候影响，采用的材料也比较昂贵，在庭院中布置很多元素、构造会大幅度提升工程造价。多数业主都会将庭院工程造价与室内装修造价进行比较，在心理上能接受的工程造价是不超过室内装修造价的50%，能控制在30%以内最好，过多的开销还不如投到使用频率更高的室内。这样就能方便地筛选出重点庭院元素、构造，对这些重点进行投资建造，能起到画龙点睛的作用。

但是要注意，在庭院施工中最好不要更换廉价材料，或任意减少施工步骤，庭院属于户外空间，磨损较大，以免又要将省下的钱投到维修保养中去。

（4）维修保养。

这里除了考虑维修保养的成本外，更重要的是考虑便捷性，在庭院中花费太多休闲时间，会显得得不偿失，失去了庭院设计的本意。整齐的灌木虽然好看，但是在春、夏要经常修剪，过度生长会占据庭院的有效使用面积。大面积水池景观需要定期换水打扫，否则容易滋生蚊虫。在炎热的夏季，可以将水池抽干，保持干燥，以免滋生蚊虫，待秋冬季节再注水使用。

↑道路两旁的灌木定期修剪，保证其良好地生长。　　↑定期换水是保证水池干净透彻的诀窍。

3. 调整功能

经过综合分析后，关于庭院的功能作用已然清晰，经过筛选后的庭院功能要素还需要进一步调整、细化。调整功能的基本原则是，对于投资成本低、使用频率高的元素、构造进行拓展，反之则缩减，最后适当增添能亮点的配饰即可。

喜欢在户外用餐的家庭可以拓展休闲区，将其变为庭院餐厅。庭院餐厅通常要靠近厨房、入户大门或窗洞，而且顶部要有遮挡雨篷或屋檐，周边有封闭的围墙或密集的绿化，形成安静的就餐环境。庭院就餐空间面积一般应大于等于$6m^2$，用餐区里要能摆放容纳4~6人的餐桌，配置必要的备餐台等家具。地面可以铺设光洁的木材或仿古砖，方便清洗。庭院餐厅临近的墙面上可以挂置装饰画、盆栽、壁灯等物件，能提升庭院的美化亮点。

↑庭院餐厅要注意防风，高大的钢化玻璃
能起到作用。

↑石桌上的盆栽点缀单调的空间。

　　庭院的使用功能随着社会的发展在不断变化，时下很流行的防腐木亭台造价较
高，风吹日晒几年后，木料虽然未被腐蚀，但会存在不同程度的磨损，即使涂刷油
漆也很难恢复往日的质地。可以考虑采用彩色铝合金或型钢制作阳光房或雨篷，使
用功能没有改变，不会磨损变旧，而且价格也低很多。

↑不要轻易废除防腐木构件，可以拆卸后再
组装或保持原样不变。

↑钢型阳光房结构特别硬朗。

★庭院小贴士

决定预算高低的因素

　　如果预算单的单价普遍较高，且分类较少、较模糊，就说明该庭院装饰公司的利润
较高，或是施工质量的确不错。工程量：看有没有虚高或不准的数据，挑选几个工程量
大的项目，要求设计师当面重新计算一遍；施工项目：注意检查有没有漏掉或重复计算
的项目，庭院装饰公司是不会干赔本买卖的，那些漏掉的项目肯定要在施工中追加，而
且是天价；材料工艺说明：仔细阅读材料工艺与说明，确定材料名称、品牌及规范的施
工工艺，通常比较含糊的表述价格相对较低。

3.3 畅通且迂回的空间关系: 庭院道路流线设计

道路是庭院中必备的设计元素，通过道路来引导道路流线，能满足人的日常行为习惯。无论面积大小，在庭院中，一般都会分2~3种道路，其中1种是主道，另外1~2种是次道。主道一般连通庭院大门与入户大门，道路相对宽阔，流线简洁明了，铺装材料平整，是出入必经之路。次道大多较窄，或局部铺装，供庭院内起居活动通行。庭院内的交通流线既要有序疏导，又要富有一定变化，在视觉上形成美感。

←流线型的路径直通入户大门，富有变化且不失美观。

1. 直线道路

直线道路一般为连通庭院大门与入户大门之间的道路，宽度一般为1~1.5m，能保证两人迎面交错通行，或能搬运大件家具通行。地面铺装平整的石材、砖材，道路两侧铺设鹅卵石，可种植灌木或铺设草坪。

如果庭院大门与入户大门之间距离较远，直线道路应适当加宽，宽度一般应小于等于2m。如果庭院大门与入户大门没有统一方向，或存在错位，那么直线道路就要作转折处理，通行时尽量减少转折次数，或重新调整庭院大门的位置。

↑庭院直线道路需要加宽，确保两人能并排通过。

↑庭院大门与入户大门错位，直线道路作转折处理。

在铺装过程中，可以根据设计要求作彩色拼花设计。方形麻面砖常见边长规格为100、150、200、250、300mm等，地面砖厚10～12mm，墙面砖厚5～8mm。其中10mm厚的地面砖价格为60元/m²左右。麻面砖铺装地面时，所需砖较厚，经过严格的选料，采用高温慢烧技术，耐磨性好，抗折强度高。麻面砖吸水率小于1%，具有防滑耐磨特性。

无论哪种风格的直线道路都可以采用防腐木地板架空铺装，对于石材、砖材等铺设材料也没有特殊要求，只是材料的色彩、纹理应与风格一致。

↑庭院墙面麻砖铺贴。 ↑庭院道路麻砖铺装。

2. 曲线道路

曲线道路具有丰富的变化，能使庭院显得更加别致。

曲线道路一般有两种，一种是规则的曲线，即圆弧，也适用于庭院大门与入户大门之间连接，但是更多用于庭院中的道路，铺装材料与形式多样，如常见的防腐木、鹅卵石、仿古砖、石材等。另一种是不规则曲线，呈S形或任意曲线，道路一般布设在草坪等绿化地面，在行进过程中可以有高度变化，一般不作连续铺设，多采用天然石板或混凝土板铺装，板材长宽均大于等于300mm，两块板材之间应保持500～600mm间距。

↑圆形道路是规则的曲线，由防腐木和砖块搭配铺设。 ↑曲线道路要求规整为圆弧形。

曲线道路所连接的庭院空间通常比较随意，适合田园风格，道路整体宽度一般小于等于1m，更多空间会留给庭院中的绿化。在曲线道路中可以架设桥梁，桥梁可设计成圆拱或台阶状，桥梁平面可曲可直，铺装材料可与道路不同。如果庭院中已将主道设计为直线，那么可以考虑次道为曲线。

↑平直的桥梁采用防腐木铺设，虽然随意但是不杂乱。

↑拱形桥梁短且弯曲很深，具有戏剧感与装饰效果。

3. 自由道路

自由道路是指庭院中随意行走的道路，具体形式不受直、曲限定，甚至可以不作铺装材料。最常见的自由道路即是在草坪上踩踏过的痕迹，随着通行习惯与步距不同，而形成不同的形态，或曲或直，或宽或窄。

为了提升道路的可见度与识别度，可以根据需要铺设材料，如鹅卵石、小沙石、小块仿古砖等，也可以将草坪凿除露出泥土，用力夯实后形成通行道路。

↑夯实土层也能形成道路。

↑不规则砖石铺设在土层里形成道路。

↑圆木与碎石组合的道路适合坡地。

★庭院小贴士

自由道路

自由道路是庭院活动最广泛的道路，宽度没有限制，但是最窄应大于等于200mm，在灌木茂盛的绿化区设置自由道路，要对灌木作修整，避免划伤。如果铺装的是昂贵草坪，最好在草坪上标识通行方向，保持间距布置石头或草坪灯，避免无端破坏。

3.4 提升设计质感与情趣：景观小品点缀

1. 饮泉

饮泉、洗手台是满足人的生理要求、讲究卫生不可缺少的供水设施，同时也是庭院景观的重要组成部分。

饮泉的种类按饮泉龙头位置划分，可以分为顶置型与旁置型，顶置型是指龙头安装在饮泉主体顶部，水流向上如喷泉一般，旁置型是指龙头在饮泉主体侧面，拧动龙头出水；按照制作材料分类又可以分为混凝土、石材、陶瓷、不锈钢、铁、铝等多种。

↑饮泉设备适用于面积较大且功能较多的庭院。　↑饮泉设计多功能化，满足清扫与灌溉。

饮泉的高度宜在800mm左右，供儿童使用的饮水器高度宜在650mm左右，并安装在高度100~200mm的踏台上，它的结构与高度还应该考虑轮椅使用者的方便。

饮泉可以在庭院灌溉供水的基础上扩展修建，如果需要获取直接饮用水，可以加装饮水净化器。

↑饮泉的高度设置应考虑儿童的使用。　↑饮泉的设置位置应满足人的使用习惯。

2. 花盆

花盆的种类很多，具有独特的装饰形体，配合庭院内的植物，能在很大程度上提升庭院环境氛围。

家庭种花草用的花盆一般为小型产品，材料以塑料或陶制品为主，稍大面积的庭院可以将花盆融入景观中，使用大型花盆种植树木。

花盆的尺度高度、宽度为200~1200mm，所用的花盆应适合所种植物的特性及大小，通常情况下，种植花草类可以选用高度在200mm以上的花盆；种植灌木类可以选用高度在400mm以上的花盆；种植中木类可以选用高度在600mm以上的花盆。

↑体积较大的花盆一般摆放在角落。　↑整齐摆放的花盆具有良好的视觉感受。

花盆的制作材料也是多种多样，如混凝土、素陶、瓷器、砖材、大理石、花岗石、木材、不锈钢、铸铁等。无论尺寸、色彩上还是造型上，花盆的形体与材质都很丰富。

↑不同种类多肉植物的组合具有强烈的审美效果。　↑创意轮胎花盆，颜色与花卉十分的和谐、漂亮。

3. 户外家具

户外家具主要指用于室外或半室外的家具，是决定建筑室外空间功能的物质基础与表现室外空间形式的重要元素。在庭院中，摆放适当的户外家具可以方便起居生活。如果长期放在户外，不可避免风吹日晒，家具会有一定的变形与褪色。

　　庭院座椅的设计应满足人体舒适度要求，普通座面高380～400mm，座面宽400～450mm。标准长度为：单人椅600mm左右，双人椅1200mm左右，3人椅1800mm左右，靠背座椅的倾角以100°～110°为宜。座椅的材料多为木材、石材、混凝土、陶瓷、金属、塑料等，应该优先采用触感好的材料。针对木质座椅还要作防腐处理，座椅转角处应作磨边倒角处理。

↑处理过的防腐木桌椅具有禅意。

↑木质桌椅设置在草坪上带来清新的气息，防腐木家具是庭院的首选，防腐木能有效防止家具腐蚀，但是长期放在庭院，仍会受到一定腐蚀。

↑铁艺桌椅能兼顾庭院与室内使用。

★庭院小贴士

怎样挑选户外家具

挑选户外家具很有讲究，最重要的就是材质。木材是首选材质，一般要选择油脂厚的木材，如杉木、松木、柚木等，而且一定要做防腐处理。其次是制作工艺，因为长期暴露在外，难免会发生变形，如果工艺不过关，家具很可能因为榫接不牢或者膨胀系数过大而散架。相比木质户外家具，金属材质比较耐用，其中经过防水处理的合金材质最好，但要注意避免撞击。

4.庭院照明

如果庭院所处的地理位置较低或朝向不佳，就需要采取适当的照明措施，照明设施对大部分庭院都是非常实用且十分必要的。从安全角度考虑，照明可以威慑入侵者；从实用角度考虑，照明可以使台阶与园路更加清晰可见；从改善视觉效果方面考虑，夜间照明能够显著地改善庭院景观。照明的方式有以下几种。

（1）上射照明。

需要在被照明对象下方放置光源，照射乔木、灌木等内部结构时效果较好。聚光灯常常用来突出某些特殊元素的细部，为了获得最好的阴影与细部效果，可以将光源放置在要素的一侧而不是正前方。上射照明容易对人眼产生眩光，一般用于茂密的植物照明或庭院外墙装饰造型照明。注意调节灯具的照明方向，尽量不向走道或窗户照射。使用上射照明方式时，若将光源隐藏起来可以产生最好的效果。但是也不能完全被隐藏，否则看不到照明效果，在选择射灯时要注意光束范围的大小以及光源的照射强度。

（2）下射照明。

路灯与脚灯通常使用下射灯，这种灯具能照明地面，形成光明区域，并突出地表纹理。用在楼梯台阶、车道、草坪的路灯，光线应柔和宜人。路灯可以隐藏起来使其在白天不明显，也可以使用不同种类的装饰灯具，最常见的是蘑菇形灯或球形灯。脚灯的发光体嵌入护墙内部或台阶下侧，所有脚灯都要用漫射装置将光线向下投射在每一步台阶的踏面上。

↑向上照明的灯主要是安装在地面，用于地面照明。

↑向下照明，在夜晚照明突出地面情况，提高安全度。

（3）水下照明。

夜间水下照明可以为水池带来勃勃生机。在以墙体为背景的静水池中，游鱼产生的摇曳光影使得整个庭院洋溢着盎然生趣。水下照明还能有效地突出喷泉与瀑布，采用各种下射灯组合能得到更好的视觉效果。

↑水下灯应使用专用的密封产品。　　↑夜晚水下照明能产生更好的视觉效果。

★ **庭院小贴士**

庭院大门旁的照明

　　庭院大门旁使用简单照明设施就足以满足安全与通行的要求，尽量选择外形简洁的灯具。照明灯具的安放位置要仔细考虑，不能太高也不能太低，光线不要直接射向人眼。除非需要很强的光线，否则选用功率较低或节能型灯光就足够了。

　　灯具上可以附有便于固定在地上的插杆或夹子，这些小巧的射灯通常被漆成容易隐藏起来的黑色。为安全与方便通行而使用的照明灯具，大多布设在固定位置上。灯具可以数量不多，但是照明亮度一定要足够。高强度照明的灯具注意避免产生眩光，一般可以采用灯罩或调节角度的方式来回避眩光。

5. 健身器材

　　庭院内可以根据需要适当布置户外健身器材，常见的健身器材主要有漫步机、健腰器、仰卧起坐器、肩背按摩器、天梯等。在布置健身器材时要注意分区，将健身器材布置在庭院的边侧，但是应该保证良好的日照与通风。

　　休息区也可以布置在运动区周围，供健身运动的业主存放物品，健身器材周边可以种植遮阳乔木，并设置少量座椅或饮泉。健身区地面宜选用平整、防滑，且适于运动的铺装材料，同时满足易清洗、耐磨、耐腐蚀的要求，室外健身器材要考虑老年人的使用特点，要采取防跌滑措施。

(a)　　　　　　　　　　　　　　　　(b)

↑健身器材。多安装在软质地面上，或是沙地，或是铺装了橡胶地毯的地面。

6. 雕塑小品

　　雕塑小品是一种硬质景观，泛指用质地较硬的材料制作的景观，相对于种植绿化这类软质景观。在庭院中，雕塑小品与周围环境能共同塑造出一个完整的视觉形象，同时赋予庭院一定的主题，通常以其小巧的格局、精美的造型来点缀空间，使空间诱人且富于意境，从而提高整体环境景观的艺术境界。

　　雕塑小品应该配合庭院内建筑、道路、绿化及其他设施来设置，起到点缀、装饰与丰富景观的作用。总之，现代庭院应该具备人文思想，切忌尺度超长，更不宜大量采用具有光泽的金属材料。

(a)　　　　　　　　　　　　　　　　(b)

↑雕塑小品。价格较高，应根据实际情况选用。

Chapter 4
庭院绿化植物识别与栽培

识读难度： ★ ★ ★ ☆ ☆

核心概念： 观花、观叶、观果、选配、生长养护

章节导读： 绿化植物是庭院必不可少的配饰，适当选购绿化植物能调节庭院的环境氛围。绿化植物不同于常规材料，业主施工员需要有一定的绿化常识才能进行养护。本章介绍一些适用于我国大多数地域的庭院绿化植物供参考。

↑爬藤植物。在春意盎然的春天，它是天然的绿色"幕帘"，春暖夏凉；在寒风凛冽的冬天，它又是一道装饰风景，尽现低调的华美。

4.1 叶形叶色魅力无限：观叶植物

观叶植物一般指叶形叶色美丽的植物，原生于高温多湿的热带雨林中，需光量较少。适用于日照不充分的庭院。下面介绍一些常见的观叶植物供参考。

←"古木交柯"。一幅牌匾，两棵树，几丛植物，造就了别样的庭院一角，仿若一幅淡墨国画。

1. 文竹

文竹根部稍肉质，茎柔软丛生，叶退化成鳞片状，淡褐色。叶状枝有小枝，绿色。文竹浇水量应经3~5次小水后，浇一次透水，使盆土上下保持湿润而含水不多。文竹虽不十分喜肥，但盆栽时应补充较多的养料。文竹的施肥，宜薄肥勤施，忌用浓肥。文竹应于室内越冬，冬季室温应保持10℃左右为好，并给予充足的光照，来年4月以后即可移至室外养护。

←文竹。气质独特，叶片细腻袖珍，花型小、细白，多为盆栽植物，具有很强的观赏价值。

(a)　　　　　　　(b)

2. 法国冬青

法国冬青为常绿灌木或小乔木，枝灰色或灰褐色，是理想的庭院绿化树种，对煤烟及其他有毒气体具有较强的吸收能力，适合庭院绿篱或丛植。

法国冬青喜温暖湿润气候。在潮湿肥沃的中性壤土中生长旺盛，酸性与微酸性土均能适应，喜光亦耐荫。根系发达，萌芽力强，特耐修剪，极易整形。法国冬青一年四季枝繁叶茂，遮蔽效果好，又耐修剪，因此是制作绿篱的上佳材料。

(a)　　　　　　　　　　　　　　　　　(b)

↑法国冬青。叶片面积稍大，不适合修剪整形，大面积种植在庭院中，恰似一幅风景画。

3. 富贵竹

富贵竹又称为竹蕉、万年竹，栽培高度为海拔800～1000mm为宜，富贵竹粗生粗长，多栽培于园圃中，茎叶肥厚，其品种有绿叶、绿叶白边（银边）、绿叶黄边（金边）、绿叶银心（银心）。主要作盆栽观赏植物，并象征着大吉大利。

富贵竹显得疏挺高洁，茎叶纤秀，柔美优雅，姿态潇洒，富有竹韵，茎杆挺拔，叶色浓绿，冬夏长青，观赏价值特别高。

(a)　　　　　　　　(b)　　　　　　　　(c)

↑富贵竹。生命力顽强，可进行盆栽种养。具有很好的象征意义，适合面积较小的庭院点缀。

4. 万年青

万年青是多年生常绿草本植物，是很受欢迎的优良观赏植物，生长在潮湿处或草地上，全株有清热解毒、散瘀止痛之效。

万年青有大叶、细叶、矮生、斑纹等诸多变种，在我国分布较广，华东、华中及西南地区均有，性喜半荫、温暖、湿润、通风良好的环境，耐旱性能差，稍耐寒，忌阳光直射、忌积水。一般庭院土壤均可栽培，但以富含腐殖质、疏松透水性好的微酸性沙质壤土最好。

(a)   (b)

↑万年青。叶片面积较大，纹理色彩丰富。适合种植在庭院或居室，能保持四季苍翠，经久不衰。

5. 芦荟

芦荟为独尾草科多年生草本植物，易于栽种，为花叶兼备型植物，且属于常绿、多肉质的草本植物。芦荟喜欢生长在排水性能良好、不易板结的疏松土质中。一般的土壤中可掺些沙砾灰渣，如能加入腐叶草灰等更好。

排水透气性不良的土质会造成根部呼吸受阻，腐烂坏死，但过多的沙质土壤往往会造成水分与养分流失，使芦荟生长不良。芦荟需要充分的阳光才能生长。芦荟不仅需要氮磷钾，还需要一些微量元素。

(a)   (b)

↑芦荟。叶片较大，有刺，但具有很强的药用价值。它的生命力虽顽强，但是如果土质不透气就让会给植株带来伤害。

6. 一品红

一品红又名为圣诞花，广泛栽培于热带、亚热带，植株可高达2m，常见于庭院。一品红的生长适温为18～25℃，4～9月为宜。

一品红对水分的反应比较敏感，生长期只要水分供应充足，茎叶就能生长迅速，有时出现节间伸长、叶片狭窄的徒长现象。盆土水分缺乏或时干时湿，会引起叶黄脱落。一品红为短日照植物，在茎叶生长期需充足阳光，促使茎叶生长迅速繁茂。

(a)　　　　　　　　　　　　　(b)

↑一品红。末梢叶片为红色，但是中下部仍为绿色。其喜阳，需要种植在光照充足的庭院内才能生长较好。

7. 黄杨

黄杨科常绿灌木或小乔木，是制作盆景的珍贵树种，是庭院常用的灌木之一，耐荫喜光。

在长期荫蔽环境中，易导致枝条徒长或变弱。黄杨可耐连续1个月左右的阴雨天气，但忌长时间积水。只要地表土壤或盆土不至完全干透，无异常表现。黄杨可经受夏日暴晒与零下20℃的严寒，但夏季高温潮湿时应多通风透光。对土壤要求不严，以轻松肥沃的沙质壤土为佳，耐碱性较强。

(a)　　　　　　　　　　　　　(b)

↑黄杨。叶片较小且光洁，单株种植在庭院中，具有很强的观赏价值。它的品种较多，色彩纯正，是现代庭院灌木绿化的首选。

8. 金叶女贞

金叶女贞被誉为金玉满堂，主要用于庭院装饰。它的叶色金黄，尤其在春、秋两季色泽更加璀璨亮丽，与庭院其他植物形成强烈的色彩对比，具极佳的观赏效果。

金叶女贞适应性强，对土壤要求不严格，性喜光，稍耐荫，耐寒能力较强，不耐高温高湿，小气候好的房前避风处，冬季可以保持不落叶。金叶女贞的抗病力强，很少有病虫危害。

(a)　　　　　　　　　　　　　　　　　(b)

↑金叶女贞。叶片稍呈锐角，颜色比黄杨更鲜艳。多种植在庭院道路及围墙旁边。

9. 吊兰

吊兰根肉质，叶细长，似兰花。吊兰枝条细长下垂，夏季开小白花，花蕊呈黄色，可供盆栽观赏。

吊兰喜温暖、湿润、半荫的环境，它适应性强，较耐旱，但不耐寒，对土壤要求苛刻，一般在排水良好、疏松肥沃的沙质土壤中生长较佳。对光线的要求不严，一般适宜在中等光线条件下生长，亦耐弱光。生长适温为15～25℃，越冬温度为10℃。

(a)　　　　　　　　　　　　　　　　　(b)

↑吊兰。品种较多，叶片呈剑状，花朵小巧精致，清新淡雅。

10. 樟树

樟树为亚热带常绿阔叶林的代表树种，喜光，稍耐荫，喜温暖湿润气候，耐寒性不强，对土壤要求不严，较耐水湿。

樟树主根发达，深根性，能抗风，萌芽力强，耐修剪，生长速度中等，树形巨大如伞，能遮阴避凉。此外，樟树抗海潮风及耐烟尘与抗有毒气体能力，并能吸收多种有毒气体，较能适应城市中的庭院环境。

(a)   (b)

↑樟树叶片具有香气，在夏天香气浓郁，适合成片种植，观赏价值更高。

11. 海桐

海桐别名海桐花、山矾，产于长江流域，海桐对气候的适应性较强，能耐寒冷，亦颇耐暑热。对光照的适应能力亦较强，较耐荫蔽，亦颇耐烈日，但以半荫地生长最佳。喜肥沃湿润土壤，干旱贫瘠地生长不良，稍耐干旱，颇耐水湿。

海桐枝叶繁茂，树冠球形，下枝覆地，叶色浓绿而又光泽，通常可作绿篱栽植，也可孤植、丛植于草丛边缘、林缘、门旁，或列植在路边。在气候温暖的地方，海桐是理想的花坛造景树。

(a)   (b)

↑海桐。叶片呈长椭圆形，与黄杨有明显区别。在庭院中海桐与其他绿植搭配种植，更清新自然。

4.2 情感丰富香艳十足：观花植物

观花植物是以观花为主的植物，色彩艳丽，花朵较大，花形丰富，具有一定香气。观花植物是庭院绿化的首选，品种繁多，一年四季都能种养。下面介绍一些常见的观花植物，供参考。

←铁线莲。观花植物越墙挂在庭院墙壁上，别有一番风味。

1. 樱花

樱花为落叶乔木，树皮紫褐色，花叶互生，花成伞状，花瓣先端有缺刻，花色多为白色、粉红色。

花开于3月，花色幽香艳丽，盛开时节花繁艳丽，满树烂漫，可三五成丛点缀于绿地形成锦团，也可孤植。将樱花与其他植物成丛地点缀于庭院中，既丰富了景观色彩，又活跃了生活氛围。不同花期的种类分层配置，可使观赏期延长，分层配置色彩也是庭院艺术的重要表现方式。

↑白樱花。较为少见，盛开密集，在庭院中多以单株种养。

↑粉红色。这种樱花较为多见，是日式庭院的首选植物。

2. 康乃馨

康乃馨保肥性能好，通气、排水性能，土壤中的水分宜保持在的湿润状态，忌涝。康乃馨喜冷凉的气候，但不耐寒，最适宜的生长温度为20℃左右。

康乃馨喜干燥、通风良好的环境，忌高温、多湿环境，需阳光充足才能生长良好。康乃馨栽培时间是夏季，适合冬季温暖的地区。康乃馨需要生长在疏松肥沃、含丰富腐殖质的土壤中。

(a)   (b)

↑康乃馨。色彩丰富，品种多样，观赏价值较高，需要更多绿色灌木来衬托。

3. 迎春花

迎春花枝条细长，呈拱形下垂生长，喜光、稍耐阴、略耐寒、怕涝，要求温暖而湿润的气候，疏松肥沃与排水良好的沙质土，在酸性土中生长旺盛，在碱性土中生长不良。根部萌发力强，枝条着地部分极易生根。

迎春花喜温暖亦耐寒，花期受气温影响，从南到北先后于1～4月份开放。迎春花繁殖以分株、压条、扦插为主，多用来布置花坛，点缀庭院，是重要的早春花木。

(a)   (b)

↑迎春花。花朵较小，色彩鲜亮，分散的花朵恰到好处地点缀了庭院，适合面积较大的庭院。

4. 杜鹃花

传说杜鹃花是由一种鸟吐血染成的，湖北大别山下的麻城、武汉市黄陂区等地，盛产杜鹃花，大多俗称为映山红。杜鹃花为地栽、盆栽皆宜，分布广，高山、低丘、阴坡阳坡、溪谷山岩、林中林缘、荒草灌丛中均有其踪迹。杜鹃花每年3～4月份开花，嫣红一片。杜鹃花在不同的自然环境中，形成不同的形态特征，差异悬殊，有常绿大乔木、小乔木，常绿灌木、落叶灌木。

杜鹃花为浅根性喜酸花卉，对土壤及各项环境条件要求很严，通常在南、北方均作盆栽观赏。杜鹃花喜欢凉爽的环境，要求荫凉通风环境，杜鹃花根须纤细密如丝发，分布在盆土上层，因而最忌黏重及碱性土壤。

(a) (b)

↑杜鹃花。花瓣视觉比例较大，适合局部种植。可与灌木丛相搭配种植，衬托绿色灌木。

杜鹃花品种繁多，叫法五花八门，多同物异名或同名异物。由于来源复杂，在中国尚无统一的分类标准，常用的分类方法有以下四种。

（1）按花色分。

可分为红色系、紫色系、黄色系、白色系、复色系及其他系列。

（2）按花期分。

可分春鹃、春夏鹃、夏鹃和西鹃。春天开花的品种称为春鹃，春鹃又分为大叶大花和小叶小花两种；6月份开花的称为夏鹃；介于春鹃和夏鹃花期之间的称为春夏鹃；而将从西方传入的单独列为一类称为西洋鹃，简称西鹃。

↑白色杜鹃花和红色杜鹃花种植在一起，视觉效果较明显。
↑花瓣较多层，且层次分明，颜色较淡，根据季节的不同开放。

（3）按花型分。

该分类方法主要针对西鹃，将西鹃品种分成10个系列，即紫凤朝阳系、芙蓉系、珊瑚系、五宝系、王冠系、冷天银系、紫士布系、锦系、火焰系及其他品系。

（4）按综合性状分。

根据产地来源、形态习性和观赏特征等，进行逐级筛选。如西鹃类可分为光叶组、扭叶组、狭叶组、尖叶组、阔叶组5组。

↑尖叶杜鹃花

↑阔叶杜鹃花

5. 玫瑰花

玫瑰花为落叶直立丛生灌木，适应性强，容易养殖，全国各地都可以种植，玫瑰花是喜光性植物，在蔽荫的环境下生长则枝条细弱，叶片黄瘦，甚至不能开花。

盆栽玫瑰花要放在阳台或房顶上养殖，不能长期放在室内养殖。刚栽的苗不可晒太阳，要放阴凉、光线较好的地方，等有新芽长出或小叶开始生长后才能晒太阳。玫瑰花喜欢松散、排水好的土壤的微酸土壤，可以用菜园土栽培。

←玫瑰花。喜阳，适应种植在日照充足的庭院及盆栽养殖，其花瓣层次比月季花的要更加丰富。

（1）红系玫瑰。

↑红衣主教，花鲜红色带有绒光，高心卷边，花形非常优美，瓣质硬，叶片小，色墨绿，质厚。枝硬挺，稍呈弯曲，刺多。

↑萨曼莎，花深红色，带绒光，高心卷边，花形十分优美，耐插，叶片黑绿，半光泽，枝有中等刺。

↑达拉斯，花深红色，花苞较大，瓣质硬，叶片墨绿，枝硬挺直，有细刺。

（2）粉系玫瑰。　　　　　（3）白系玫瑰。

↑贝拉米，花浅粉红色，初放时高心卷边，后易呈抱心状。枝硬挺，少刺。

↑坦尼克，纯白色大花，高心卷边，花形优美，花梗、枝条硬挺、少刺。

（4）黄系玫瑰。

↑金奖章，花呈黄色有红晕，易开，枝较细长，多刺。

↑金徽章，金黄色纯正明快，高心翘角，花形优美，花梗、花枝硬挺直顺，刺红，较大。

6. 月季花

月季花为常绿四季开花，多红色，偶有白色，是著名的观赏植物。月季花是有刺灌木或呈蔓状、攀缘状植物，开花后，花托膨大，即成为蔷薇果，有红、黄、橙红、黑紫等色，呈圆、扁、长圆等形状。

月季花喜日照充足，空气流通，排水良好，能避冷风、干风的环境。切忌将月季花栽培在高墙或树荫之下。月季花的栽培主要在春秋季节进行，春季为4~5月，秋季为8~10月。

(a)   (b)   (c)

↑月季花。花朵色彩艳丽，品种丰富，香气浓郁，非常适合庭院种植、观赏。

7. 铁线莲

"韧如铁丝，绽放如莲"，说的就是被誉为"藤本皇后"的铁线莲。早春三月，铁线莲的早花开始陆续绽开，直到四五月份到达盛花期。它的花朵大而华丽，适合用来制作花墙和拱门。

↑铁线莲。能够沿着铁架攀爬生长。

8. 绣球

绣球花的花形丰满，大而秀美，属于低矮灌木。中国栽培绣球的时间较早，早在明、清时代建造的江南园林中都栽有绣球。现在也是最常见的庭院观赏花木之一。

绣球的花色主要是由土壤中的酸碱度来决定的。可定期在土壤中施用硫酸铝，确保花色为蓝色；定期在土壤中施用石灰，确保花色为粉红。栽种绣球时，要让土壤稍干燥，排水畅通，避免受涝而引起烂根。

(a)　　　　　　　　　　　　　　(b)

(c)

↑绣球花。花序密集，成球形，其有粉色、蓝色、紫色等各色颜色，可通过调配土壤 pH 值进行人为控制。

9. 牡丹花

牡丹花为多年生落叶小灌木，生长缓慢，株型小，比较耐寒，分布极为广泛。牡丹花喜光，也较耐阴，如稍作遮萌，尤其在长江以南地区，避去太阳中午直射或西晒，对其生长开花有利，也有助于花色娇艳并延长观赏时间。

牡丹花喜疏松肥沃、通气良好的壤土或沙壤土。盆栽牡丹花应选择生长性强的早开或中开品种，施足底肥，土层深厚而疏松。

↑ 红色牡丹花。端庄大气，种植在庭院中显得格外的典雅。

↑ 粉色牡丹花。娇俏可爱，种植在庭院中显得格外的赏心悦目。

（1）紫斑牡丹（变种）。与牡丹的区别：花瓣内面基部具深紫色斑块。叶为2~3回羽状复叶，小叶不分裂。花大，花瓣白色。根、皮供药用，为镇痉药，能凉血散瘀，可治中风、腹痛等症。

（2）矮牡丹（变种）。与牡丹的区别：叶背面和叶轴均生短柔毛，顶生小叶宽卵圆形或近圆形，长4~6cm，宽3.5~4.5cm，三裂至中部，裂片再浅裂。

↑ 变种的紫斑牡丹，花瓣面基部有紫色的斑块。

↑ 变种的矮牡丹。相较未变种的牡丹而言，看起来要稍显单薄。

10. 扶桑花

扶桑花即朱瑾，又名佛槿、中国蔷薇。为常绿大灌木或小乔木，高1～3m，小枝圆柱形，疏被星状柔毛。叶阔卵形或狭卵形，两面除背面沿脉上有少许疏毛外均无毛。花生于上部叶腋间，常下垂；花冠漏斗形，直径6～10cm，玫瑰红色或淡红、淡黄等色，花瓣倒卵形，先端圆，外面疏被柔毛。

在亚热带、热带地区一般适应性强，喜光，可耐烈日、高温、骤雨的湿热气候，但是不耐阴，不耐寒、旱，属于强阳性植物。

↑粉色扶桑花。颜色清新，观赏效果更甚。　　↑玫瑰红扶桑花。颜色高贵、大气，适合庭院种植，给庭院带来活泼气息。

（1）朱槿（原变种）。

朱槿喜光，喜温暖湿润气候，不耐寒，喜肥沃湿润而排水良好土壤。

（2）重瓣朱槿（变种）。

该变种与原变种主要不同处在于花重瓣，红色、淡红、橙黄等色。

↑扶桑花。花蕊较长，对日照的要求更高。　　↑变种的重瓣朱槿。色彩丰富，橙黄色的花瓣惹人注目。

11. 菊花

菊花拥有千姿百态的花朵、姹紫嫣红的色彩与清隽高雅的香气，是著名的观赏植物。菊花的适应性很强，喜凉，较耐寒，喜充足阳光，但也稍耐荫，喜地势高燥。

菊花适合土层深厚、富含腐殖质、轻松肥沃而排水良好的砂壤土，在微酸性到中性的土中均能生长。秋菊为长夜短日性植物，在每天15h的长日照下进行茎叶营养生长，每天12h以上的黑暗与10℃的夜温则适于花芽发育，但品种不同对日照的反应也不同。

(a)

(b)   (c)

↑菊花。颜色、品种多样，可供选择较多，观赏价值较高，庭院里适合种植花朵较小的菊花。

4.3 观赏食用一体桂冠：观果植物

观果植物是指果实形状或色泽具有较高观赏价值，以观赏果实部位为主的植物。我国可以利用的观果植物资源十分丰富，观果植物以其奇异的果实备受庭院业主的喜爱，能够丰富四季庭院景观。

←石榴树。寓意多子多福，自古以来颇受大家的喜爱，是庭院最受欢迎的观果植物之一。

1. 石榴树

石榴树分两种，一种是既能观花，又能食用其果实的果石榴树；另一种是赏花观果，不能食用的花卉石榴树。

石榴花期在6～7月份，果实9～10月份熟石榴花量大，从5月份开始能长期开花。石榴钟状花不能坐果结实，只有筒状花中的一部分能坐果结实，钟状花占很大比例，石榴的筒状花一般分早、中、晚三个阶段开花。

↑果石榴树

↑花卉石榴树

2. 紫珠

紫珠又名白棠子树,株高1.2～2m左右,小枝光滑,略带紫红色,6～7月份开放。果实球形,9～10月份成熟后呈紫色,有光泽,经冬不落。

紫珠株形秀丽,花色绚丽,果实色彩鲜艳,珠圆玉润,犹如紫色的珍珠,是一种既可观花又能赏果的优良花卉品种,常用于庭院栽种,也可盆栽观赏。紫珠的果穗还可剪下,用作插花材料。

↑ 紫珠花。色彩鲜艳,可供观赏。

↑ 紫珠果实。呈椭圆状、较小,上端有凸出构造,装饰效果独特。

3. 南天竹

南天竹是我国南方常见的木本花卉种类,株高约2m,直立少分枝。老茎浅褐色,幼枝红色,小叶椭圆状披针形,圆锥花序顶生,花小为白色,浆果球形,熟时鲜红色,偶有黄色。

南天竹由于其植株优美,果实鲜艳,对环境的适应性强。南天竹树姿秀丽,翠绿扶疏,红果累累,圆润光洁,是常用的观叶、观果植物,无论地栽、盆栽还是制作盆景,都具有很高的观赏价值。

(a)

(b)

↑ 南天竹。其果实完全成熟时呈鲜红色,除了可以观果外,其叶片颜色鲜艳,还具有观叶价值。

4. 金桔

金桔又名金柑，属芸香科，是著名的观果植物。果多为椭圆形，金黄色，有光泽，部分品种可食用，多以嫁接法养殖。喜阳光，适合温暖、湿润的环境，不耐寒、稍耐荫、耐旱，要求排水良好的肥沃、疏松的微酸性沙质土壤。

金桔果实金黄、具清香，挂果时间较长，是极好的观果植物。宜作盆栽或盆景观赏，同时其味道酸甜可口，南方暖地栽植可作果树经营。

↑金桔盆栽。具有财源广进的寓意，近年来　↑果实金桔。待果实成熟后可以食用。
十分流行。

5. 火棘

火棘性喜温暖、湿润、通风良好、阳光充足、日照时间长的环境生长。属常绿灌木或小乔木，高可达4m，成穗状，每穗有果10～20个，桔红色至深红色，甚受人们喜爱。9月底开始变红，一直可保持到次年2月。

火棘树形优美，夏有繁花，秋有红果，果实存留枝头甚久，在庭院中做绿篱以及园林造景材料，在路边可以用作绿篱，能美化、绿化环境。

(a)　　　　　　　　　　　　　　　　　(b)

↑火棘果实。其有红色和黄色两种果实，且果实持续时间很长，无须特别打理，适合面积较大的庭院种植。

6. 佛手

佛手又名九爪木、五指橘、佛手柑。佛手喜温暖湿润、阳光充足的环境，不耐严寒、怕冰霜与干旱，耐荫、耐瘠、耐涝。以雨量充足且冬季无冰冻的地区栽培为宜。佛手的果实色泽金黄，香气浓郁，形状奇特似手，千姿百态，妙趣横生。佛手不仅有较高的观赏价值，而且具有珍贵的药用价值与经济价值。

↑佛手。果实以手为原型变化，造型千奇百怪，可观赏也可食用，色彩鲜艳仅适合南方地区。

7. 枸骨

枸骨又名老虎刺、猫儿刺、鸟不宿，其株形紧凑，叶形奇特，碧绿光亮，四季常青，入秋后红果满枝，经冬不凋，艳丽可爱，是优良的观叶、观果树种，在欧美国家常用于圣诞节的装饰，故也称"圣诞树"。

常见的品种有无刺枸骨、小叶枸骨、黄果枸骨、多刺冬青等。枸骨能耐干旱，每年冬季施入基肥，喜肥沃的酸性土壤，不耐盐碱，较耐寒，长江流域可露地越冬，喜阳光，也能耐荫。

↑枸骨。果实为红色，穿插在绿叶中，显得俏皮可爱。其适应性较强，四季常青，特别适合无人打理的庭院。

4.4 精挑细选合理搭配：绿化植物选配方法

大自然中的绿化植物品种繁多，但并不是所有植物都适合庭院种养。庭院中的绿化植物应当无毒环保、易于打理，且具有观赏价值。植物生长的生态条件主要是光照、温度、水分、土壤、空气，根据不同植物不同生态适应能力进行组合，才能达到生态互补。绿化植物组合布置要注意养护，时常修剪不同层次植物的茎叶，保持其在生长中长期处于比例均衡的状态。

←庭院规划。选择合适的植物搭配。

1. 配置多样

庭院的绿化植物应配置多样，求精致而忌繁杂，避免给人拥挤感。所选植物应根据其不同的生态习性，尽量做到乔、灌、地被相结合，使庭院内四季有景可赏，如在种植一些乔灌木的同时，可在靠院墙荫处种植几株黄杨或大叶冬青，铺设常绿地被植物，如马尼拉草坪等。也可以栽植几丛翠竹，配以几块散置山石，将给庭院添加书香气息。

利用爬藤蔷薇、金银花、牵牛花等可以使院墙变为"花墙"，利用爬藤类植物可以使建筑外墙变为"生态墙"，能调节阳光对室内温度的影响。

如果庭院种植面积有限，可以选用体量较大的花盆或花篮种养植物。虽然种植面积不大，但是可以在里面同时种植多种植物，满足不同季节的观赏需求。

↑ "花墙"。利用蔷薇花爬藤的特性,搭建起一面蔷薇花墙,极具观赏价值。

↑ 花盆种植。根据植物的特性或空间的局限性,适当地选择盆栽植物,使得空间层次更加饱满、丰富。

2. 与环境相适宜

庭院绿化植物选择应该适地适树,具体到庭院所在地,应是适合栽植地小环境的植物。根据栽植地的位置,综合考虑建筑前后、角隅、朝向、光照、土壤、地下水位等环境选择合适的植物。只有环境条件适合,植物才生长良好。

大多数植物需要进行光合作用才能顺利生长,尤其是观花植物,观叶植物比较耐荫,但是也不能完全不见日照,每周至少光照一日。

↑ 考虑到植物对建筑的采光影响,因此建筑近处不宜种植竖直的乔木,而是选择在建筑周围种植一些低矮的小型灌木和花卉,在建筑的两旁种植大型乔木,夏天还能遮阴。

↑ 在房角悬挂藤蔓花卉,地面种植低矮的花卉灌木丛,且在灌木丛中间栽种身形比较修长的中型乔木,这种种植方法适合空间局促的小型庭院,能够更加合理地优化空间。

★庭院小贴士

岩生植物

自然山石的堆砌后,山石与山石之间存在缝隙,可以使用自然植物掩盖,这类植物又称为岩生植物。选择岩生植物应该选择具有低矮、生长缓慢、节间短、叶小、开花繁茂等特点的植物。可以模拟生长在高山岩崖的植物,一般高山上的环境有着温度低、风速大、空气湿度大、植物生长周期短的特点。

4.5 追寻良好的生长状态：摸清植物生长周期与环境

植物的生命周期是指从繁殖开始，从种子萌发，经过多年的生长、开花、结果，直至树体衰老的整个时期，它反映了植物个体发育的全过程。

(a)

(b)

(c) (d) (e)

(f)

↑银杏树。它从开花、结果，到生命的终结，终完成自己的使命。

1. 生长周期

（1）种子期。

植物产生种子，是长期自然选择的结果，是其延续生命的需要。种子期是从卵细胞受精形成开始，至胚胎具有萌发能力并以种子形态存在的时期。有些树种成熟后，只要有适宜的温度、水分与空气条件就能发芽，如白榆、柳树等；有些树种的种子成熟后，即便给予适宜的条件也不能立即萌发，而必须经过一段时间的休眠，如银杏、女贞等。

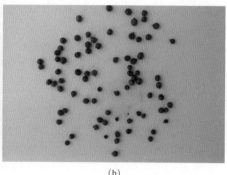

(a)   (b)

↑红豆杉的种子。多数植物的种子是由它的果实长成的。

（2）幼年期。

幼年期是指从种子萌发形成幼苗开始，到该植物特有的营养构造基本形成，并具有开花潜能为止的时期。幼年生长期时间长短主要因植物种类、品种不同而异。少数庭院植物如紫薇、月季等，当年播种当年就能开花；绝大多数品种需要3~5年，如桃、李、杏等；有些植物则长达20~40年，如银杏、冷杉、云杉等。处于幼年期的绿化植物要做好定向培育工作，加强土壤管理，充分供应肥水，促进营养器官均匀而健壮地生长。

←幼年期的红豆杉苗。从种子到幼苗，为长成参天大树而积蓄营养。

（3）青年期。

青年期是从植株第一次开花到花朵、果实性状逐渐稳定的时期。为了使青年期的植物多开花结果，应当轻度修剪，以便使树冠尽快达到预定的最大营养面积，同时缓和树势生长，在植物健壮生长的基础上进一步促进花芽形成。过度修剪会从整体上削弱植物的总生产量，减少光合产物的积累，同时会刺激部分枝条进行旺盛生长。因为新梢生长较多，会大量消耗贮藏养分。

↑青年期的红豆杉树。已经枝繁叶茂了，但需要适当的修剪，使整棵树的营养最大化。

↑青年期的红豆杉果子。这个时期的果子相较而言并不是非常的多。

（4）壮年期。

壮年期是指从植物生长势自然减慢，大量开花结实开始，到结实量大幅度下降，树冠外缘小枝出现干枯时的这段时期。壮年期植物花芽发育完全，开花结果部位扩大，花、果数量增多，花果性状已经完全稳定，并充分反映出品种的固有性状。这时是观花、观果植物一生中最具观赏价值的时期，但由于开花结果的原因，消耗营养物质较多，要充分供应肥水，施肥量应随着开花结果量而逐年增加。

←壮年期的红豆杉树。这个时期的红豆杉树处于鼎盛时期，可以看到整棵树的树叶呈现出浓郁的墨绿色，枝头上还挂着密实、红彤的果实。

（5）衰老期。

衰老期是指从植物骨干枝与骨干根生长发育显著衰退，直到整个植物死亡的时期。各种环境条件与栽培措施都会影响衰老的进程，如增强光照，加强土壤、肥料与水分的管理，并采取适当修剪与防治病虫害等措施，延缓衰老。

↑衰老期的红豆杉树。盛极必衰，而此时的红豆杉树也如此。已经逐步走向衰败了，其中最大的原因就是其遭受了病虫害的侵袭。

2. 环境影响

（1）光照。

光是绿色植物最重要的生存因子，也是植物制造有机物质的能量来源。它们在生长过程中所积累的90%～95%物质来自光合作用，光对植物生长发育的影响主要是通过光质、光照强度、光照时间来实现的。

红光、橙光有利于植物碳水化合物的合成，能加速长日照植物的发育，延迟短日照植物的发育，而蓝紫光则相反，所以为了培育优的壮苗，可以选用不同颜色的玻璃或塑料薄膜覆盖，人为调节可见光成分。蓝光、紫光能抑制植物的加长生长，对幼芽的形成与细胞的分化均有重要作用，它们还能促进花青素的形成，使花朵色彩鲜丽。

↑光照正常的多肉植物，上色漂亮、形态饱满、娇嫩可爱。　　↑光照不足而引起的多肉严重徒长，进而影响了其观赏价值。

（2）温度。

植物的种子只有在一定的温度条件下才能吸水膨胀，促进酶的活化，加速种子内部的生理、生化活动，进而发芽生长。适宜的温度是植物生存的必要条件之一，植物的自然分布呈现明显的地带性分布特点。一般植物生长最适温度为20～35℃，最低与最高温度因植物种类及发育阶段差异较大。

高温对植物的伤害很大，一般是指当温度超过植物生长的最适温度范围后，若继续上升，会使植物生长发育受阻，甚至死亡。低温伤害主要有冻害、霜害、寒害三种。从植物本身来看，不同植物的耐寒力大小不同，同一树种在不同的生长发育阶段其抗寒力也不同。

↑庭院中部分植物耐寒性强，即使是冬天雨雪天气也不怕会被冻死。

↑当气温过低时，部分不耐寒的盆栽植物可以搬回室内阳台种植或者盖上保暖的铺盖，安全越冬。

（3）水分。

植物对水分的需要是指植物在维持正常生理活动过程中所吸收与消耗的水分。植物的需水量常用蒸腾强度来表示，蒸腾强度因树种、生长发育时期、环境条件而不同。

旱生植物可忍受长期天气干旱与土壤干旱，并能维持正常生长发育的树种，称为耐旱植物，如仙人掌、侧柏、柽柳等。湿生植物是在土壤含水量过多、甚至在土壤表面短期积水的条件下，能正常生长的植物，它们要求经常有充足的水分，过于干旱时容易死亡，如池杉、枫杨、垂柳等。中生植物适宜生长在干湿适中的环境中，对土壤水分要求并不严格，大多数绿化植物均属此类，它们都能适应一定幅度的水分变化。

↑仙人掌。喜阳光、温暖、耐旱、怕涝，很久不浇水都不会干旱。

↑侧柏。作为庭院绿化不可或缺的乔木，其耐干旱瘠薄。

↑柽柳。可以在潮湿盐碱地和干旱的沙荒地中存活，非常抗旱。

↑植物缺水后的状态，叶片干瘪，一扯就掉，需要及时浇水，即可恢复如初。

↑植物缺水后整个植株已经完全枯萎了。

↑过勤的给龙王角浇水，植物积水导致烂根了。

（4）土壤。

土壤质地的优劣关系着酸碱度与土壤肥力高低，对绿化植物生长发育与生理机能都有很大的影响。土壤的酸碱度影响着土壤的理化特性、土壤营养元素的分解及存在状态、土壤溶液的成分及土壤微生物活动，从而影响植物的生长发育。

土壤的肥力是指土壤及时满足植物对水、肥、气、热要求的能力，它是土壤物理、化学与生物学特性的综合反映，欲提高土壤肥力，就必须使土壤具有良好的物理性能、化学性能及生物性能。庭院中选种植物时，除了考虑栽植点的诸气候因素外，还要视其肥力状况选择适当的品种，对喜肥与喜深厚土壤的植物，应栽植在深厚、肥沃与疏松的土壤上，耐瘠薄的植物则可在土质稍差的地点栽植。

左：松针腐熟土。适合喜欢酸性土壤的植物，如君子兰、蓝莓苗等。

右：多肉颗粒土。由多种土石混合组成，如泥炭土、椰糠、蛭石、轻石、赤玉石、粗砂等。

↑营养土。一般由肥沃的大田土与腐熟厩肥混合配制而成。

↑干水苔（干苔藓）。用于种植铁皮石斛、蝴蝶兰。

↑松树皮。适用于作铁皮石、斛兰花等的基质。

4.6 营造丰富饱满的氛围：植物种植养护方法

庭院面积虽不大，但是要营造丰富饱满的环境氛围，一般都会栽植多种植物。不同植物的养护方法不同，在日常养护过程中要注意区分植栽品种，分列对应。

←庭院多种树种混合种植。

1. 乔木

首先，开始掘苗，在种植地中选择所需乔木，开挖移植出来，对胸径30~100mm的乔木，可于春季化冻后至新芽萌动前或秋季落叶后，在地面以树干胸径的8~10倍为直径画圆断侧根，再在侧根以下400~500mm处切断主根，打碎土球，将植株顺风向斜植于假植地，保持土壤湿润。

然后，开始挖穴，依胸径大小确定栽植直径，土质疏松肥沃的可小些，石砾土、城市杂土应大些，但最小也要比根盘的直径大200mm，深度应大于等于500mm。

(a)　　　　　　　　(b)　　　　　　　　(c)

↑选种需要移植的苗木，将长绳固定好，再用铁锹或挖掘机挖出树根，最后在树的根部系上草绳，避免移动时损伤树根。

接着，进行修剪，修剪应在掘苗后进行，有主导枝的树种，如杨树、银杏、杜仲等，只将侧枝短截至150~300mm，而不动主导枝；无主导枝的树种，如国槐、刺槐、泡桐等，由地面以上2.6~3m处截干，促生分枝；垂枝树种，如龙爪槐、垂直榆等，留外向芽、短截，四周保持长短基本一致，株冠整齐。

最后，进行定植，于穴中先填150~200mm厚的松土，然后将苗木直立于穴中，使基部下沉50~100mm，以求稳固，然后在四周均匀填土，随填随夯实，填至距地面80~100mm时开始做堰，堰高应大于等于200mm，并设临时支架用于防风，待6~10个月，树木稳固了即可拆除支架。定植后及时浇水至满堰，第3日再浇第2次水，第7日浇第3次水，水下渗后封堰。天气过于干燥时，仍需开堰浇水，然后再封口。

↑将树竖直移入坑中。　↑填土且夯实。　↑设置临时防风支架，定时浇水。

2. 灌木

首先进行掘苗，在种植地中选择所需灌木苗，开挖移植出来，植株一般高1~2.5m，土球直径按品种、规定而定。

然后，进行修剪，单干类或嫁接苗，如碧桃、榆叶梅、西府海棠，侧枝需短截；丛生类如海棠、绣线菊、天目琼花等，通常当时不作修剪，成活后再依实际情况整形。

接着，在庭院中准备种植的部位上挖穴，穴径依株高、冠幅、根盘大小而定，通常比土球直径大50~200mm，土质较差的地区应适当加大。

最后，其他方法与养护乔木相同。

←根据树形、树种进行不同程度的修剪。

(a)　　　　(b)

★ 庭院小贴士

移植乔木和灌木注意问题

大多数庭院都会移入高大的乔木与低矮的灌木，这两者相互衬托，它们需要像花卉一样受到保护照料。如果周围为铺装地面，乔木与灌木要在地面铺装之前栽植，以避免机械设备损坏铺装地面。

在施工过程中，树木根球必须经过测量，得出准确尺度再作种植，从而保证适当的标高，之后再铺设覆盖物，防止根部失水。如果庭院内的风力很大，可以采用木桩支撑或用金属线固定。

3. 花坛

花坛是指在绿地中利用花卉布置出精细、美观的绿化景观，一般用来点缀庭院。花坛布置应选用花期、花色、株型、株高整齐一致的花卉，配置协调。花坛应具有规则、群体、讲究图案效果的特点。

（1）花坛养护。

花坛换花期间，每年必须有一次以上土壤改良与土壤消毒。还要根据天气情况，保证水分供应，宜清晨浇水，浇水时应防止将泥土冲到茎、叶上，做好排水措施，避免雨季积水。花卉生长旺盛期应适当追肥，施肥量根据花卉种类而定。施肥后宜立即喷洒清水，肥料不宜污染茎、叶面。花坛保护设施应经常保持清洁完好，及时做好病虫害防治工作。

↑天气晴朗时，需要定期给花坛洒水。

↑定期给庭院植物施肥。

（2）花坛形式。

花坛一般设在道路的交叉口，建筑的正前方、庭院的入口处，即观赏者视线交汇处，构成视觉中心。根据花坛的外部轮廓造型，可以分为如下几种形式。

1）独立花坛。以单一的平面几何轮廓作为构图主体，在造型上具有相对独立性，如圆形、方形、长方形、三角形、六边形等常见形式。

2）组合花坛。一般由两个以上的个体花坛，在平面上组成不可分割的构图整体，或称花坛群。组合花坛的构图中心，可以采用独立花坛，也可以是水池、喷泉、雕像或纪念碑、亭等。组合花坛内的铺装场地与道路，允许游人入内活动，大规模组合花坛的铺装场地上，可以设置座椅，附建花架，供人休息，也可以利用花坛边缘设置隐形座凳。

↑独立花坛

↑组合花坛

3）立体花坛。立体花坛是指由两个以上的个体花坛经叠加、错位等在立面上形成具有高低变化的造型花坛。

(a)

(b)

↑立体花坛

4. 草坪

草坪在庭院中的布置面积比较大，它的建造质量不仅直接影响日后管理工作的难易程度，而且也影响草坪使用年限，因此，必须高度重视草坪建造的质量。

（1）草种选择。

常用的草种主要有冷季型草、暖季型草、苔草三类。冷季型的草主要用于要求绿色期长、管理水平较高的草坪上；暖季型的草主要用于对绿色期要求不严、管理较粗放的草坪；苔草介于两者之间。

↑冷季型草种（马尼拉草）

↑苔草

(a)

(b)

↑暖季型草种（结缕草）

（2）种草方法。

1）铺草皮卷与草块。主要用于投资较大、需要立即见效的绿化庭院中。草皮卷与草块的质量要求为覆盖度95%以上，无杂草，草色纯正，根系密接，草皮或草块周边平直、整齐。草坪土质应与草皮或草块的土质相似，质地、肥力不可相差较大。草皮卷与草块的运输、堆放时间不能过长，以草叶挺拔、鲜绿为标准。铺设时各草皮或草块之间可稍留缝隙，但是不能重叠。草块与其下的土壤必须密接，可用碾压、敲打等方法，由中间向四周逐块铺开，铺完后需及时浇水，并持续保持土壤湿润直至新叶开始生长。

(a)

(b)

↑将草坪切割成草皮卷。

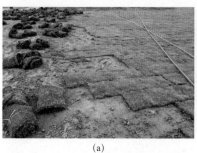

(a)　　　　　　　　　(b)　　　　　　　　　(c)

↑将切割完整的草块码放整齐，工人将草块一点点的拼贴在一起，最后洒水。

2）铺植生带。放置植生带的地表需平整，无大小土块或杂质，并且需要压实。植生带与其下的土壤要处处密接，带与带间可稍有重叠，其上撒3～5mm杂草种子较少的细沙壤土。铺后及时喷水，出苗前后必须始终保持地面湿润。冷季型草在8月下旬至9月上旬播种，暖季型草在6～7月份播种。种子质量要求80%以上能发芽，杂草种子含量低于0.1%。播种要均匀，覆土厚度（3～5mm）要一致，播后压实，及时浇水，出苗前后及小苗生长阶段都应始终保持地面湿润。

↑种子种植出来的草坪更加嫩绿、平整。

（3）草坪养护管理。

草坪的养护工作需在了解各草种生长习性的基础上进行，根据立地条件、草坪的功能进行不同精细程度的管理工作。

1）灌水。人工草坪原则上都需要人工灌溉，尤其是土壤保水性能差的草坪更需人工浇水。在庭院草坪下布设给水管，安装自动喷水阀门，灌水效果较好。除土壤封冻期外，草坪土壤应始终保持湿润，暖季型草主要灌水时期为 4～5月份与8～10月份；冷季型草为3～6月份与8～11月份；苔草类主要为3～5月份与9～10月份。每次浇水以达到300mm土层内水分饱和为原则，不能漏浇，因土质差异容易造成干旱的范围内应增加灌水次数。

2）施肥。高质量草坪初次建造时除了施入基肥外，每年必须追施一定数量的化肥或有机肥。高质量草坪在返青前可以施腐熟的麻渣等有机肥，施肥量50～200g/m^2。修剪次数多的野牛草草坪，当出现草色稍浅时应施氮肥。冷季型草的主要施肥时期为9～10月份，3～4月份视草坪生长状况决定施肥与否，5～8月份非特殊衰弱草坪一般不必施肥。

↑有机肥

↑氮肥

3）剪草。人工草坪必须剪草，通过剪草能保持草坪常绿且整齐。剪草前需彻底清除地表石块，尤其是坚硬的物质。检查剪草机各部位是否正常，刀片是否锋利。剪草需在无露水的时间内进行，剪下草屑需及时彻底从草坪上清除，剪草时需一行压一行来进行，不能遗漏。某些剪草机无法剪到的角落需人工补充修剪。剪草深度一般为整株茂盛草的50%，每年初夏与盛夏是剪草的时节，最好使用专业剪草机。

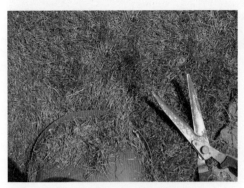
↑手工修剪草坪适用于小面积庭院绿化。

↑机械修剪草坪适用于大面积庭院绿化。

Chapter 5
庭院装饰材料全面认知

识读难度： ★ ★ ★ ★ ☆

核心概念： 地面、墙面、水电、识别

章节导读： 庭院施工材料主要可以分为地面材料、墙面材料、水电材料及构造材料等几大类。地面材料价格不高，但是品种丰富、价格差距大、铺装面积大，整体开销也就不小，因此需要掌握一定的识别方法；庭院墙面材料主要可以分为饰面材料与构造材料两大类，饰面材料以铺贴、涂装材料为主，注重色彩、质地；在庭院中，并不一定会用到水电材料，但是增添水电设施能提升庭院的观赏价值，提高庭院的使用频率，能丰富日常生活；庭院的构造材料是造景的点睛之笔，所用品种选择余地大，能满足各种设计风格与生活习惯。

↑优质的庭院施工材料能够延长庭院使用寿命，甚至是建造一个漂亮庭院的先决条件。

5.1 全新的认知：全面了解庭院装饰材料

现代庭院材料的品种繁多，同种材料的价格差别很大，还要注意材料的经济实用性，所以材料的选择是十分重要的一环。选材贯穿整个庭院的装修过程，但并不是要等到购买材料的时候才考虑自己需要什么，装修前就必须考虑好自己的庭院需要哪些类型的材料。在硬件材料上的花费进行控制，在后期配饰与绿化中提高庭院的档次。

材料的形态是指材料生产后的形体结构，将形体结构类似的材料归为一类有助于材料选购与使用，这里主要可以分为以下几种类型。

1. 按材料形态分类

（1）实材。

实材就是原材，主要是指原木、石料制成的规则材料。常用的原木有杉木、红松、榆木、香樟、椴木、橡木等，常用于围栏、桥梁、花架等构造。石料为花岗岩、大理石等，常用来加工成装饰小品、配件等，实材以立方米为单位的。

←庭院中有木质栏杆、木桩装饰小品、石材装饰小品、假山石等实材（原材）。

（2）板材。

板材主要是将由各种木材塑料、金属等加工成块的产品，统一规格为2440mm×1220mm。常见的有胶合板、纤维板、装饰贴面板、铝塑板、不锈钢板等，板材以"张"为单位。

↑装饰贴面板

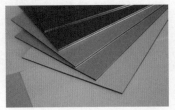

↑铝塑板

↑不锈钢板

（3）片材。

片材主要是指将石材、陶瓷、木材、竹材加工成块的产品，石材以大理石、花岗岩为主，品种繁多，花色不一。陶瓷加工的产品就是常见的地砖及墙砖，可以分为釉面砖、仿古砖等。木材加工成块的地面材料品种也很多，价格依材质种类而定，片材以平方米为单位。

↑陶瓷砖

↑大理石

（4）型材。

型材主要是钢、铝合金与塑料制品，统一长度为6m。钢材主要为角钢、圆钢、方钢、槽钢、工字钢等，主要用于制作大尺度雨棚、阳光房、围栏等构造。铝材主要为门窗龙骨，表面处理均为彩色涂层，颜色丰富，又称为彩色铝合金型材，简称彩铝。现代塑料开发出的庭院材料主要用于装饰灯具、灌木围栏、楼梯台阶扶手、非承重骨架、角线等，品种齐全。预算中，型材以根、枝为单位。

↑钢材凉亭

↑门窗龙骨

↑塑料灌木围栏

（5）线材。

线材主要是指木材、石材或金属加工而成的线状产品。木线种类很多，长度不一，主要由樟子松、杉木、柚木等品种加工而成，由机械车床冲压而成，宽度50～300mm，价格较高。金属线条分平线、角线两种，由机械冲压、人工打磨而成，花纹样式繁多，宽度为50～200mm，价格最高。金属角线一般用于金属围栏、门窗镂花、栏板扶手等部位，大小不一，由工厂预制批量生产，价格适中。除此之外，还有不锈钢、钛金板制成的线条，形式、规格变化丰富。在预算中，线材以米为单位。

↑木材线材主要用于制作大型阳光房、花架等 　↑金属角线主要用于门窗镂花。
构造，需要涂饰防锈漆。

★庭院小贴士

镂花梁柱

　　古代建筑中常用镂花技术来对家具或梁柱进行处理，镂花梁柱就是经过镂花处理过的梁和柱。把梁柱上的花纹刻透了，就叫镂花梁柱。与浮刻不同。

2. 按材料性质分类

在现代庭院布置中，所用的材料按材质性来分类，可以分为以下几种。

（1）有机高分子材料。

有机高分子材料，如木材、塑料、有机涂料等；无机非金属材料，如玻璃、花岗岩、大理石、瓷砖、水泥等。

（2）金属材料。

金属材料，如铝合金、不锈钢、铜制品等。

（3）复合材料。

复合材料，如人造石、真石漆等。

↑庭院墙面多铺装质地粗糙的天然石材或其他无机非金属材料。

↑金属材料主要用于围栏、花架等支撑构造。

↑复合材料在使用中要注意相互搭配，回避不同材料的缺陷，不能只用某一种或某几种材料。

3. 按材料的燃烧性分类

（1）A级材料。

A级材料具有不燃性，在空气中遇到火或在高温作用下不燃烧的材料，如天然石材、玻璃、石膏板、钢、铜、瓷砖等。

（2）B1级材料。

B1级材料具有很难燃烧性，在空气中受到明火燃烧或高温热作用时难起火，当火源移走后，已经燃烧或微燃烧立即停止的材料，如塑钢围栏、装饰防火板等。

↑天然石材铺装地面质地可靠，防火性能好。　↑塑钢围栏价格低廉且不易损坏

（3）B2级材料。

B2级材料具有可燃性，在空气中受到火烧或高温作用时立即起火或微燃，将火源移走后仍继续燃烧的材料，如实木板、壁纸、地毯等。

（4）B3级材料。

B3级材料具有易燃性，在空气中受到火烧或高温作用时迅速燃烧，将火源移走后仍继续燃烧的材料，如油漆、纤维织物等。

↑杉木板用于庭院涂刷了防腐涂料。　↑铁艺金属外表涂刷了防锈漆。

4. 按使用部位分类

（1）地面材料。

地面材料讲究耐磨损性能，主要有各种防腐木地板、地砖、地毯，此外还包括楼梯、架空楼板等成品构造。在现代庭院布置中，地面材料一般都会选用质地坚硬的砖材，能满足车辆停放，地基要求预先整平，具有经济、简约的使用效果，同时能适当降低选购成本。

↑防腐木地面铺装形式多样，变化丰富。

↑塑木地板背铺装后平整度高，边缘无须修饰。

↑停车位地面适合铺装凸凹感强的混凝土砖。

（2）墙面材料。

墙面材料的抗污损能力比较强，一般用于户外庭院，主要有外墙乳胶漆、防水涂料、抗腐实木、高标号水泥、加厚仿古砖、天然石材等，它的价格比较高，重在材料的特性与质量，具体选用哪一种要根据具体情况来选择。

墙面材料的装饰效果较好，可塑性强，主要有各种防腐木板材、石材、复合板材、外墙乳胶漆、瓷砖、玻璃等，种类繁多，价格差别很大，要求混合搭配使用，尽量做到不同价位、不同质地、不同色彩的材料相互搭配。

（3）顶面材料。

顶面材料讲究可塑性与透光性，或直接运用成品构造来制作，主要有钢化玻璃、金属龙骨、防腐木龙骨、阳光板、彩色涂层钢板等，在庭院中，顶面一般不作过多变化，也可以制作构架，再采用攀藤植物来遮荫。

↑庭院外墙多铺装瓷砖，纹理、样式比较丰富。

↑墙面底部铺装粗糙石材能有效保护墙体。

↑金属龙骨上安装钢化玻璃制作雨棚比较常见。

5.2 坚固耐用全面兼容：结实的地面材料

1. 花岗岩

花岗岩又称为岩浆岩或火成岩，具有良好的硬度，抗压强度好、耐磨性好、耐久性高，抗冻、耐酸、耐腐蚀，不易风化，表面平整光滑，棱角整齐，色泽持续力强且色泽稳重、大方。花岗岩的一般使用年限数十年至数百年，是一种较高档的庭院装饰材料。

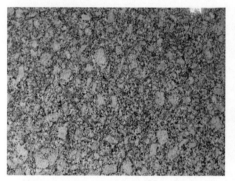

↑ 粗晶花岗岩适用于地面点缀。

↑ 细晶花岗岩质地密集，适用于地面边角装饰。

（1）表面形态。

花岗岩按晶体颗粒大小可分为细晶、中晶、粗晶及斑状等多种，其中细晶花岗岩中的颗粒十分细小，目测粒径均小于2mm，中晶花岗岩的颗粒粒径为2~8mm，粗晶花岗岩的颗粒粒径大于8mm，至于斑状花岗岩中的颗粒粒径就不定了，大小对比较为强烈。

（2）纹理色彩。

花岗岩按颜色、花纹、光泽、结构、材质等因素分不同等级，其中颜色与光泽因长石、云母及暗色矿物质而定，通常呈现灰色、黄色、深红色等。世界上很多国家都出产花岗岩，其名称也很多，不同地域出产的花岗岩名称不同，如玉麒麟（越南）、德州红（美国）、桃木石（瑞典）、洞石（意大利）、蓝珍珠（挪威）等。

中国约9%的土地都是花岗岩岩体，花岗岩的品种很丰富，可以将花岗岩分为黑色、红色、绿色、白色、黄色、花色六大系列。

↑冰花蓝花岗岩显得气质高雅。

↑红色花岗岩适用范围相对较广。

↑绿色花岗岩带来复古的感觉。

（3）表面加工。

在庭院中，花岗岩的应用繁多，为了满足不同的应用部位，花岗岩表面通常被加工成剁斧板、机刨板、磨光板、粗磨板等样式。

1）剁斧板是指花岗岩表面经过手工剁斧加工，表面粗糙且凸凹不平，呈有规则的条状斧纹，表面质感粗犷大方，用于防滑地面、地面分隔、构造表面铺装等。

2）机刨板是指花岗岩表面被机械刨成较为平整的表面，有相互平行的刨切纹，用于与剁斧板材类似的场合，但是机刨板石材表面的凸凹没有剁斧板强烈。

左：剁斧板浑厚粗糙，不适合大面积铺装。

右：机刨板适用于楼梯、坡道铺装。

3）磨光板花岗岩表面经磨细加工和抛光，表面光亮，花岗岩的晶体纹理清晰，颜色绚丽多彩，多用于地面装饰分隔带。

4）粗磨板表面经过粗磨，表面平滑无光泽，主要用于需要柔光效果的墙面、柱面、台阶、基座等。粗磨板的使用功能是防滑，常铺设在阳台、露台的楼梯台阶或坡道地面。

左：磨光板不适合大面积铺装，以免滑倒。

右：粗磨版是庭院大面积铺装的主流材料。

（4）识别方法。

用卷尺测量花岗岩板材的尺寸规格，通过测量能判定花岗岩的加工工艺，各方向的尺寸应当与设计、标称尺寸一致，误差应小于±1mm，以免影响拼接安装，或造成拼接后的图案、花纹、线条变形，影响装饰效果。

测量的关键是厚度尺寸，用于庭院地面铺装的花岗岩板材厚度均为20mm，少数厂家加工的板材厚度只有15mm，这在很大程度上降低了花岗岩板材的承载性能，在施工、使用中容易破损。

↑大多数花岗岩各边厚度为 15mm。

↑用砂纸打磨花岗岩不产生粉末。

★ 庭院小贴士

花岗岩的规格

花岗岩石材的大小可以随意加工，用于铺设室外地面的厚度为 20 ~ 30mm，铺设台面的厚度为 18 ~ 20mm 等。市场上零售的花岗岩宽度一般为 600 ~ 650mm，长度在 2 ~ 6m。

特殊品种也有加宽加长型，可以打磨边角。如果用于大面积地面铺设，也可以订购同等规格的型材，例如：300mm×600mm×15mm、600mm×600mm×20mm、800mm×800mm×30mm、800mm×600mm×30mm、1000mm×1000mm×30mm、1200mm×1200mm×40mm 等。其中，剁斧板的厚度一般均≥50mm。

常见的 20mm 厚的白麻花岗岩磨光板价格为 60 ~ 100 元 /m^2，其他不同花色品种价格均高于此，一般为 100 ~ 500 元 /m^2。

2. 大理石

大理石是指原产于云南省大理的白色带有黑色花纹的石灰岩，剖面类似一幅天然的水墨山水画。现在大理石为一切有各种颜色花纹的石灰岩。大理石主要用于加工成各种形材、板材，用于庭院地面、构造铺装。

相较花岗石而言，大理石质地比较软，属于碱性中硬石材。大理石质地细密，抗压性较强，吸水率小于10%，耐磨、耐弱酸碱，不变形。大理石最大的特点就是花色品种繁多，适用性很广。

↑大理石磨光板可镶嵌铜条装饰。

↑大理石纹理丰富，适用范围广。

（1）纹理特点。

由于产地不同，常有同类异名或异岩同名现象出现。我国大理石储藏量丰富，各品种居世界前列，国产大理石有近400余个品种，其中花色品种比较名贵的有白色、黑色、红色、灰色、黄色、绿色、青色、黑白、彩色九大系列。天然大理石的色彩纹理一般分为云灰、单色、彩花三类。

↑云灰大理石。花纹如灰色的色彩，石面上或是乌云滚滚，或是浮云漫天，有些云灰大理石的花纹很像水的波纹，纹理美观大方。

↑色大理石。色彩单一，如色泽洁白的汉白玉、象牙白等属于白色大理石；纯黑如墨的中国黑、墨玉等属于黑色大理石。

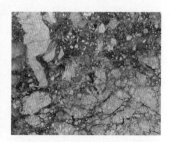
↑彩花大理石。为层状结构的结晶或斑状条纹，经过抛光打磨后，呈现出各种色彩斑斓的天然图案，可以制成美丽画面。

（2）表面加工。

大理石与花岗岩一样，可用于庭院各部位的石材贴面，但是强度不及花岗岩，在磨损率高、碰撞率高的部位应慎重考虑。大理石的花纹色泽繁多，可选择性强，饰面板材表面需经过初磨、细磨、半细磨、精磨、抛光等工序，大小可以随意加工，并能打磨边角。

大理石的表面也可以像花岗岩一样被加工成各种质地，用于不同部位，但是在庭院中，由于其硬度比不上花岗岩，大理石一般都以磨光板的形式出现，用于楼梯台阶铺设大理石的才会是机刨板。此外，颜色、纹理不佳的大理石都被加工成蘑菇石，用于地面步行道、汀步铺装。

↑色彩不具备审美效果的大理石常备加工成蘑菇石。

↑蘑菇石规格可在施工时随机加工。

★ 庭院小贴士

天然石材的放射性

　花岗岩与大理石这些天然石材是具有一定放射性的材料，在使用时还是要注意它的环保性能，市场上销售的石材都经过严格检验，其氡气的释放量都在安全范围以内。如果业主仍不放心，那就注意检查产品上安全认证标签。

　（3）识别方法。

　目前，大理石的花色品种要比花岗岩多，其价格差距很大，要识别大理石的质量仍然可以采用花岗岩的识别方法。但是要求应更加严格。大理石板材根据规格尺寸，允许存在一定的偏差，但是偏差不应影响其外观质量、表面光洁度等。

　目前，市场出现不少染色大理石，多以红色、褐色、黑色系列居多，铺装后约6～10个月就会褪色，如果铺设在庭院受光地面，褪色会更明显。识别这类大理石可以观察侧面与背面，染色大理石的色彩较灰或呈现出深浅不一的变化。染色石材虽然价格低廉，但是不宜选购，其染色料存在毒害，褪色后严重影响装饰效果，自身强度也没有保证。

↑优质产品表面应该光洁。

↑用手抚摩磨光板特别光滑。

↑观察大理石表面纹理是否细腻。

大理石板材表面光泽度的高低会极大影响装饰效果。一般而言，优质大理石板材的抛光面应具有镜面一样的光泽，能清晰地映出景物。但不同品质的大理石其光泽度的差异也会很大。判定光泽度的优劣还可以采用0#砂纸与钢丝球打磨抛光面，如果不易产生划痕、粉尘，则说明表面光泽不错。大理石板材的强度、吸水率也是评价大理石质量的重要指标。

↑ 对颜色不同的大理石进行对比。

↑ 砂纸打磨应不易出现粉末。

↑ 观察大理石的吸水度。

★ 庭院小贴士

规格运用

　　大理石石材的大小可随意加工，用于铺设地面的厚度为 20 ~ 30mm，用于铺设台面的厚度为 18 ~ 20mm 等。市场上零售的大理石宽度一般为 600 ~ 650mm，长度在 2 ~ 6m。特殊品种也有加宽加长型，可以打磨成各种边角线条。如果用于大面积地面铺设，也可以订购同等规格的型材，例如，300mm×600mm×15mm、600mm×600mm×20mm、800mm×800mm×30mm、800mm×600mm×30mm、1000mm×1000mm×30mm、1200mm×1200mm×40mm 等。常见 20mm 厚纯黑大理石磨光板的价格为 150 ~ 200 元 /m²，其他不同花色品种价格均高于此，一般为 200 ~ 600 元 /m²。

3. 地砖

　　地砖一直以来都是用来砌筑墙体的材料，俗称砖头，在庭院中也可以用于地面铺装。砖的外形多为直角六面体，也有各种异形产品。目前，用于地面铺装的砖主要有页岩砖、混凝土砖、麻面砖、仿古砖等。

↑ 镂空混凝土砖。适用于庭院停车位铺装。

↑ 麻面砖。铺装整齐，适用于庭院休闲区或停车位。

4. 页岩砖

页岩砖是利用黏土自然沉积后经所形成的岩石生产，具有页状或薄片状纹理，用硬物击打易裂成碎片，可以再次粉碎烧制成砖。

页岩砖的规格与黏土砖相当，但是边角轮廓更完整，适用于庭院地面铺装，属于环保材料。标准页岩砖的规格为240mm×115mm×53mm，价格为0.3元/块。选购页岩砖时，应注意外形，砖体应该平整、方正，外观无明显弯曲、缺棱、掉角、裂缝等缺陷，敲击时发出清脆的金属声，色泽均匀一致。

↑粘土砖。价格低廉，浪费耕地，边角容易破损。　↑页岩砖。铺装地面平整度较高，质地符合大众审美。　↑彩色页岩砖。价格较高，是用于地面铺装点缀。

5. 混凝土砖

混凝土砖是以水泥为胶凝材料，添加砂石等配料，加水搅拌，振动加压成型。具有一定孔隙的砌筑材料。自重轻、热工性能好、抗震性能好。除了实心产品外，还有各种空心混凝土砖。

普通混凝土砖呈蓝灰色，标准规格为240mm×115mm×53mm，价格为0.3元/块。也可以根据需要进行切割，常见规格为（长×宽）600mm×240mm，厚度有80、100、120、150、180mm等多种。

选购混凝土砖时，要主要观察砖块的截断面，其内部碎石的分布应当均匀，不能大小不一，且碎石与水泥之间无明显孔隙，此外，彩色混凝土砖的颜色渗透深度应大于等于10mm，避免在使用过程中被磨损褪色。

↑镂空混凝土砖应用于庭院停车位铺装。　↑彩色混凝土砖铺装效果独特，变化丰富。　↑彩色混凝土砖多为表面着色。

6. 麻面砖

麻面砖又称为广场砖，表面酷似经人工修凿过的天然岩石面，纹理自然，粗犷稚朴。麻面砖主要颜色有白、白带黑点、粉红、果绿、斑点绿、黄、斑点黄、灰、浅斑点灰、深斑点灰、浅蓝、深蓝、紫砂红、紫砂棕、紫砂黑、红棕等。

麻面砖由于特别耐磨、防滑，并具有装饰美观的性能，广泛用于庭院、露台等户外空间的墙、地面铺装，适合庭院出入口、停车位、楼梯台阶、花坛等构造的表面铺装。

←环形铺装适用于庭院中央。

在铺装过程中，可以根据设计要求作彩色拼花设计。方形麻面砖常见边长规格为100、150、200、250、300mm等，地面砖厚10～12mm，墙面砖厚5～8mm。其中10mm厚的地面砖价格为60元/m²。麻面砖铺装地面时，所需砖较厚，经过严格的选料，采用高温慢烧技术，耐磨性好、抗折强度高。麻面砖吸水率小于1%，具有防滑耐磨特性。

麻面砖的产品种类很丰富，在选购中要注意识别质量。如果条件允许，将规格为100mm×100mm×10mm的地面砖用力往地面上摔击，不应产生破碎或有破角。

↑用卷尺进行常规测量、观察，检查砖材外观的质量，要特别注意麻面砖的密度。

↑可以将酱油等有色液体滴落在砖体表面，不能有浸入感。

↑用0#砂纸用力打磨砖体边角，优质产品不应产生粉尘。

7. 仿古砖

仿古砖属于普通釉面砖，仿古指的是砖的表面效果，也可以称为具有仿古效果的瓷砖，强度高，具有极强的耐磨性，兼具了防水、防滑、耐腐蚀的特性。

仿古砖与普通的釉面砖相比，其差别主要表现在釉料的色彩上面。仿古砖的设计图案、色彩是所有装饰面砖中最为丰富多彩的产品。仿古砖多采用自然色彩，尤其是采用单一或复合的自然色彩。自然色彩多取自于土地、大海、天空等颜色，如沙土的棕色、棕褐色、褐红色；水与天空的蓝色、绿色；树叶的绿色、黄色、橘黄色等。

在现代庭院中，仿古砖的应用非常广泛，可以用于面积较大的地面铺装，还可以在具有特殊设计风格的墙面、构造铺装。

↑带金属镶边的仿古砖近年来较流行。

↑仿古砖拼花价格较高，适用于古典风格的庭院。

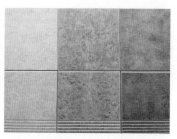
↑仿古砖色彩、纹理多样，同系列产品可分为 2～3 个层次。

★ 庭院小贴士

仿古砖的文化

仿古砖是从彩釉砖演化而来，是一种富含文化元素的产品。

（1）古典情调。仿古砖色彩适中，瓷砖上的图案成为文明的标志与象征。

（2）怀旧情绪。仿古砖适应人们视角品赏的需要，其产品多呈现出亚光型特点，使观赏者看起来不刺眼，反映出一种怀旧情绪。

（3）特殊个性。仿古砖涵盖了仿石、仿岩、仿木、仿布、仿皮、仿金属等各种纹理的特征，具有古朴的装饰效果。

（4）巧妙搭配。仿古砖既保留了陶质的质朴与厚重，又不乏瓷的细腻润泽，它还突破了瓷砖脚感不如木地板的传统，可以与各种铺装材料相搭配。

8. 砂石

砂石主要是指河砂与碎石，这些都是水泥、混凝土调配的重要配料。此外，具有一定形态的卵石、岩石也具有使用价值，可以直接用于砌筑构造或铺装，营造出特异的风格。砂石是庭院不可或缺的材料，本节讲述砂石的种类。

(a)   (b)

↑ 筛过之后的砂石可用于铺装路面或填补地面铺装材料的缝隙。

（1）河砂。

砂是指在湖、海、河等天然水域中形成和堆积的岩石碎屑，如河砂、海砂、湖砂、山砂等，一般粒径小于4.7mm的岩石碎屑都可以称为建筑、装修用砂。其中以石英颗粒为主，夹有少量岩屑与泥质的河、湖、海成的碎屑沉积物，也可以称为天然砂。用于庭院施工的主要是河砂，河砂质量稳地，一般含有少量泥土，需要经过网筛才能使用。除了用于水泥砂浆调和，也可以单独用于庭院铺装。

↑ 河砂。需要用铁网筛，不能直接使用。   ↑ 海砂。颜色深灰，其中含有贝壳。

我国各地的河砂资源不一，在很多环境下，运输成本就是影响河砂价格的唯一因素，在大中城市，河砂价格约为200元/t，也有经销商将河砂筛选后装袋出售，每袋约20kg，价格为5～8元/袋。在现代工程中，一般只用河砂，海砂中的氯离子会对钢筋、水泥造成腐蚀，影响砌筑或铺贴的牢固度，造成构造开裂，饰面材料脱落等不良影响。

↑河砂来自大自然，生产成本较低。

↑河砂可放置在砌筑的地坑中，用于儿童休闲娱乐。

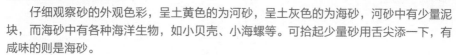

★ 庭院小贴士

选购时识别河砂与海砂

　　仔细观察砂的外观色彩，呈土黄色的为河砂，呈土灰色的为海砂，河砂中有少量泥块，而海砂中有各种海洋生物，如小贝壳、小海螺等。可拾起少量砂用舌尖添一下，有咸味的则是海砂。

（2）鹅卵石。

　　鹅卵石作为一种纯天然的石材，表面光滑圆整，它本身具有不同的色素，如赤红色为铁，蓝色为铜，紫色为锰，黄色半透明为二氧化硅等，呈现出浓淡、深浅变化万千的色彩，使鹅卵石呈现出黑、白、黄、红、墨绿、青灰等多种色彩。如果希望提升庭院品质，可以根据各地市场供应条件，选购长江中下游地区开采的雨花石，装饰效果更具特色。

左：青灰色的鹅卵石在自然界中最为常见。

右：雨花石价格较高，可用于地面铺装边角点缀。

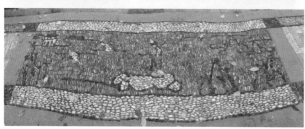

←鹅卵石拼贴、组合成十分精致的路面。

5.3 花色多样、品种繁多：五花八门的墙面材料

1. 墙面砖

适用于庭院的墙面砖品种很多，但并不是所有室内墙面砖都能用于庭院，庭院用砖要具备一定的耐候性，下面介绍几种适合庭院使用的墙面砖。

↑庭院的墙面砖可根据庭院的装修风格砌筑。

↑庭院彩砖石外墙主要起到装饰与围合的作用。

（1）劈离砖。

劈离砖种类很多，色彩丰富，颜色自然柔和，表面质感变幻多样，或细质轻秀，或粗质浑厚。表面上釉的产品光泽晶莹，富丽堂皇；表面无釉的产品质朴典雅大方，无反射眩光。大多数劈离砖表面为土红色或黏土砖的色彩。劈离砖主要用于阳台、庭院等户外空间的墙面、构造铺装，也可以根据设计风格局部铺装在各种立柱、墙面上，用于仿制黏土砖的砌筑效果，给人怀旧感。劈离砖的主要规格为240mm×52mm、240mm×115mm、194mm×94mm、190mm×190mm、240mm×115mm等，厚8~13mm，价格为30~40元/m²。

↑灰色的劈离砖使用范围较窄。

↑表面具有一定凸凹的霹离砖更具田园风格。

↑霹离砖表面纹理具有轻微凸凹，但是比较平整，主要模拟传统黏土砖的砌筑效果。

（2）彩胎砖。

彩胎砖又称为耐磨砖，砖表面呈多彩细花纹的表面，富有天然花岗岩的纹理特征，有红、绿、蓝、黄、灰、棕等多种基色，多为浅灰色调，纹点细腻，色调柔和莹润，质朴高雅。彩胎砖吸水率小于1%，耐磨性很好。由于彩胎砖比较耐磨，主要用于庭院围墙、建筑外墙，也可以与玻化砖等光亮的砖材组成几何拼花。

彩胎砖的最小规格为100mm×100mm，最大规划为600mm×600mm，厚度为5～10mm。价格为40～50元/m²。彩胎砖的市场占有率不高，质量比较均衡，选购时注意外观完整即可。由于彩胎砖表面无釉，在使用中要防止酸、碱含量高的溶剂对它造成腐蚀。

↑彩胎砖面积较大，适用于墙裙铺装。

↑彩胎砖质地多样，具有仿石效果。

（3）琉璃制品。

在我国传统庭院中，所用的各种琉璃制品种类繁多，名称复杂，有数百种之多。琉璃制品主要用于具有中式古典风格的庭院装修，如庭院围墙、屋檐、花台等构件的外部铺装。

除仿古建筑常用的琉璃瓦、琉璃砖、琉璃兽外，还有琉璃花窗、琉璃花格、琉璃栏杆等各种装饰制件。琉璃制品形态各异，价格根据具体形态、规格来定，但是整体价格不高。

↑琉璃制品质地光滑，造型多样，装饰性强。

↑传统风格的墙壁上可铺装琉璃制品作装饰。

↑传统风格的大门边角可采用琉璃制品。

2. 构造砌筑用砖

（1）煤矸石砖。

煤矸石砖主要成分是煤矸石，它是在采煤与洗煤过程中排放的固体废物，用煤矸石制砖不仅节约的土地，而且还能消耗大量矿山废料，是一项有利于环保的低碳材料。煤矸石砖通常只用于庭院、户外构造砌筑。

（2）灰砂砖。

灰砂砖是一种技术成熟、性能优良的新型多孔砌筑材料。选购灰砂砖时，要注意砖材的边角应当整齐一致，不能有较明显的残缺，砖块的截断面质地应当均匀，孔隙大小一致，不能存在大小不一且特别明显的石砂颗粒。

↑煤矸石用于建筑的砌筑，煤矸石砖孔洞均匀分布，低碳环保。

↑灰砂砖孔洞较多，颜色为灰色，实心灰砂砖边角整齐一致，砖面平整。

（3）炉渣砖。

炉渣砖主要用于非承重墙体与基础部位。从外观上来看，炉渣砖的选购方法与灰砂砖基本一致，但是炉渣砖的强度不及灰砂砖，用力将砖块向地面摔击会产生破裂，只要不呈多块粉碎状破裂都能满足常规使用要求。

←实心炉渣砖砖面与灰砂砖相似，但不及灰砂砖的强度，炉渣砖可用于非承重墙的砌筑和庭院围栏等基础部位的砌筑。

3. 玻璃

玻璃具有良好的透光性，并具有一定强度，玻璃在门窗、灯具、装饰造型上都会有所应用。玻璃的品种也特别丰富，可以根据需要进行任意搭配。选购玻璃主要选择花型、样式，此外还要关注是否为钢化产品。

（1）平板玻璃。

平板玻璃又称白片玻璃或净片玻璃，是各种玻璃的基础材料。平板玻璃具有良好的透视、透光性能，但是热稳性较差，急冷急热，易发生爆裂。

平板玻璃的规格一般不低于1000mm×1200mm，厚度通常为2～20mm，其中厚度为5～6mm的产品最大可以达到3000mm×4000mm。

（2）钢化玻璃。

钢化玻璃是以普通平板玻璃为基材，通过加热到一定温度后再迅速冷却而得到的玻璃。钢化玻璃具有很高的使用安全性能，其承载能力增大能改善易碎性质，即使钢化玻璃遭到破坏后也呈无锐角的小碎片，大幅度降低了对人的伤害。

钢化玻璃的表面会存在凹凸不平现象，有轻微的厚度变薄。一般情况下，4～6mm厚的平板玻璃经过钢化处理后会变薄0.2～0.5mm。

↑平板玻璃表面平整光滑、耐高温、透明度好。

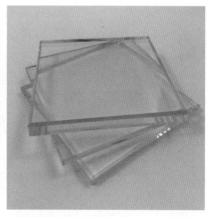

↑钢化玻璃经过磨边处理，不能继续裁切。

（3）夹层玻璃。

夹层玻璃是在两片或多片平板玻璃或钢化玻璃之间，嵌夹以聚乙烯醇缩丁醛树脂胶片，再经过热压黏合而成，安全性好。抗冲击强度优于普通平板玻璃，防范性好，并有耐光、耐热、耐湿、耐寒、隔音等性能。

夹层玻璃的规格与平板玻璃一致，厚度通常为4～15mm，其中厚度为4mm + 4mm的夹层玻璃价格为80～90元/m²。如果换用钢化玻璃制作，其价格比同规格的普通平板玻璃要高出40%～50%。

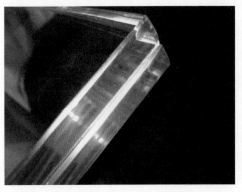

↑夹层玻璃隔声效果较好，具有很强的安全性，且遮挡阳光的辐射。

↑夹层玻璃适用于庭院雨篷，可以有效防止高空抛物，具有透光性。

（4）中空玻璃。

由两层或两层以上的平板玻璃构成，四周用高强度气密性复合胶粘剂将玻璃、边框、橡皮条粘接，中间充入干燥气体，还可以涂上各种颜色或不同性能的薄膜，框内充以干燥剂，以保证玻璃原片间空气的干燥度。

中空玻璃的主要功能是隔热隔声，所以又称为绝缘玻璃，且防结霜性能好，传热系数低，普通玻璃的耗热量是中空玻璃的两倍。中空玻璃一般用于庭院阳光房门窗上，价格较高，4mm＋5mm（中空）＋4mm厚的普通加工中空玻璃价格为100～120元/m²，同规格的铸造中空玻璃价格为300元/m²以上。

识别中空玻璃的方法很简单，在冬季观察玻璃之间是否有冰冻显现，在春夏观察是否有水汽存在。此外，嵌有铝条的均为多层玻璃，中空玻璃的外框为塑钢而非铝合金。

↑中空玻璃隔热隔声，价格较高，需要定制生产。

↑中空玻璃适用于庭院阳光房制作，具有良好的保温、防潮作用。

4. 油漆涂料

油漆涂料是指能牢固覆盖在墙体、构造表面的混合材料，能形成粘附牢固且具有一定强度与连续性的固态薄膜，能对装修构造起保护、装饰、标志作用。油漆与涂料的概念并无明显区别，只是油漆多指以有机溶剂为介质的油性漆，是一种习惯名称。

（1）腻子粉。

腻子粉是指在油漆涂料施工之前，对油漆涂料界面进行预处理的一种成品填充材料，主要目的是填充施工界面的孔隙并矫正施工面的平整度，为了获得均匀、平滑的墙面打好基础。目前，一般多将腻子粉加清水搅拌调和，又称为水性腻子。

在施工现场可兑水即用，操作方便，工艺简单。此外，对于彩色墙面，可采用彩色腻子，即在成品腻子中加入矿物颜料，如铁红、炭黑、铬黄等。

↑注意腻子粉鉴别，看清包装袋上的产品批号、日期等。

↑腻子粉应当细腻，不粘手。

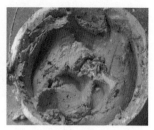

↑加水调和的同时可以配上颜料可用于彩色墙面基层。

（2）乳胶漆。

乳胶漆又称为合成树脂乳液涂料，是有机涂料的一种，是以合成树脂乳液为基料加入颜料、填料及各种助剂配制的水性涂料。用于庭院的乳胶漆又称为外墙乳胶漆，结膜性好，干燥速度快，耐碱性好，涂于碱性墙面、顶面及混凝土表面，不返粘，不易变色。

乳胶漆常用包装为3~18kg/桶，其中18kg包装产品价格为150~400元/桶，知名品牌产品还有配套组合套装产品，即配置固底漆与罩面漆，价格为800~1200元/套。乳胶漆的用量一般为12~18m²/L，涂装2遍。

↑高档外墙乳胶漆功能强大，价格较高。

↑加水稀释腻子粉，可加颜料在桶内搅拌。

↑手工调色应使用专用水性颜料。

（3）真石漆。

真石漆又称石质漆，是一种水溶性复合涂料，主要是由高分子聚合物、天然彩石砂及相关辅助剂混合而成。真石漆是由底漆层、真石漆层和罩面漆层三层组成，其涂层坚硬、附着力强、黏结性好，耐用10年以上，且修补容易，与之配套施工的有抗碱性封闭底油和耐候防水保护面油。

在施工中采用喷涂工艺，装饰效果丰富自然，质感强，并与光滑平坦的乳胶漆墙面形成鲜明的对比。

（4）防锈涂料。

防锈涂料是指保护金属表面免受大气、水等的物质腐蚀的涂料，使得最大化的延长金属使用期限。主要用于金属材料的底层涂装，如各种型钢、钢结构楼梯、隔墙、楼板等构件，涂装后表面可再作其他装饰。

传统防锈涂料为醇酸漆，价格低廉，常用包装为0.5～10kg/桶，其中3kg包装产品价格为50～60元/桶，需要额外购置稀释剂调和使用。

（5）防水涂料。

防水涂料是指涂刷在庭院水景构造中或建筑表面，经化学反应形成一层薄膜，使被涂装表面与水隔绝，从而起到防水、密封的作用，其涂刷的黏稠液体统称为防水涂料。防水涂料在常温下呈黏稠状液体，经涂布固化后，能形成无接缝的防水涂膜，特别适宜在立面、阴阳角、穿结构层管道、凸起物、狭窄场所等细部构造处进行防水施工。

目前使用较多，质量稳定的防水涂料为硅橡胶防水涂料，它是以硅橡胶乳液与其他高分子聚合物乳液的复合物为主要原料，掺入适量的化学助剂与填充剂等，均匀混合配制而成的水乳型防水涂料。可在常温条件进行施工，并容易形成连续、弹性、无缝、整体的涂膜防水层。涂膜的拉伸强度较高、断裂延伸率较大，对基层伸缩或开裂变形的适应性较强，且耐候性好，使用寿命较长。

（6）防火涂料。

防火涂料可以有效延长可燃材料（如木材）的引燃时间，阻止非可燃结构材料（如钢材）表面温度升高而引起强度急剧丧失，阻止或延缓火焰的蔓延和扩展，使人们争取到灭火和疏散的宝贵时间。

★庭院小贴士

原子灰

原子灰是一种不饱和聚酯树脂腻子，是由不饱和聚酯树脂（主要原料）以及各种填料、助剂制成，与硬化剂按一定比例混合，具有易刮涂、常温快干、易打磨、附着力强、耐高温、配套性好等优点，是各种底材表面填充的理想材料。适用于庭院中金属物件或贵重物品的破损修补。

原子灰的品种十分丰富，知名品牌腻子粉的包装规格一般为3～5kg/罐，价格为20～50元/罐，可以根据实际用量来选购。

5.4 庭院给水排水必备利器：水路安装材料

在庭院中，并不一定会用到给排水材料，但是增添给排水设施能提升庭院的品质，提高庭院的使用频率，能丰富日常生活。水路布置完毕后需要经过严格检测，一旦填埋到墙、地面中去，遇到问题维修起来就很麻烦，因此一般多会选用知名品牌。水路材料的价格较高，尤其是各种配件价格较高，应该根据设计要求精确计算，按需选购。

水管用于庭院中的水路连接，主要分为给水管与排水管，给水管品种较多，如PP-R管、铝塑复合管、镀锌管，而排水管主要采用PVC管。

↑管材应该顺序摆放在规定的位置

↑连接部位的配件应选用优质配套产品，穿越楼板时应添加防火圈。

1. PP-R管

PP-R管又称为三型聚丙烯管，是采用无规共聚聚丙烯经挤出成为管材，注塑而成的环保管材。PP-R管专用于自来水供给管道，具有一般塑料管重量轻、耐腐蚀、不结垢、使用寿命长等特点，最主要的是无毒、卫生，PP-R管的原料分子只有碳、氢元素，没有其他害毒元素存在，卫生可靠。

在庭院中，PP-R管可用于自来水或纯净水的给水管道连接，如盥洗用水、灌溉用水等管道，但是不能用于污水再利用的管道。PP-R管可以回收利用，其废料经清洁、破碎后能回收利用于管材、管件生产，且不影响产品质量。

PP-R管的规格表示分为外径（DN）与壁厚（EN），单位均为mm。PP-R管的外径一般为φ20（4分管）、φ25（6分管）、φ32（1寸管）、φ40（1.2寸管）、φ50（1.5寸管）、φ65（2寸管）、φ75（2.5寸管）等。

以φ25mm的PP-R管为例，外部φ25，管壁厚2.5，长度一般为3m或4m，也可以根据需要定制，价格为6~8元/m。PP-R管还有各种规格、样式的接头配件，价格相对较高，是一套复杂的产品体系。

←可以测量管材、管件的外径与壁厚，对照管材表面印刷的参数，看是否一致，尤其要注意管材的壁厚是否均匀。

↑观察配套接头配件，金属内螺接头应当紧密、均匀。

↑打火机燃烧管壁，管材加热时看是否出现掉渣现象或产生刺激性气味。

2. PVC管

PVC管全称为聚氯乙烯管，是由聚氯乙烯树脂与稳定剂、润滑剂等配合后，采用热压法挤压成型的塑料管材。PVC管的抗腐蚀能力强、易于粘接、价格低、质地坚硬，适用于输送温度小于等于45℃的排水管道，是当今最流行且也被广泛应用的一种合成管道材料。

PVC管主要用于生活污水的排放管道，可以安装在阳台、庭院的地面内，由地面向上垂直预留100~300mm，待后期安装洁具完毕再根据需要裁切。PVC管的规格为ϕ40~ϕ200等。管壁厚1.5~5mm，较厚的管壁还被加工成空心状，隔音效果较好。

ϕ40~ϕ90的PVC管主要用于连接庭院拖布池、洗衣机、水槽等排水设备。ϕ110~ϕ130的PVC管主要用于连接景观水池、阳光房的排水设备。ϕ160以上的PVC管主要庭院地下横向主排水管连接。以ϕ75的PVC管为例材，外部ϕ75，管壁厚2.3mm，长度一般为4m，价格为8~10元/m。

选购时要注意识别管材的质量，优质产品一般为白色，管材的白度应该高但不应刺眼。至于市场上出现的浅绿色、浅蓝色等有色产品多为回收材料制作，强度与韧性均不如白色产品好。

↑用刀削切管壁，测试是否会产生阻力。　　↑用脚踩压测试是否会变形。

★ 庭院小贴士

硬质 PVC 管道胶粘剂

　　硬质 PVC 管道胶粘剂主要用于各类 PVC 管与接头构造的粘接，也可以用于 PVC 板、ABS 板等塑料板材粘接。常用包装有每罐 120、250、500、1000g 等，其中 500g 包装的产品价格为 10～15 元 / 罐。

3. 铝塑复合管

　　铝塑复合管又称为铝塑管，是一种中间层为铝管，内外层为聚乙烯或交联聚乙烯，层间采用热熔胶黏合而成的多层管，具有聚乙烯塑料管耐腐蚀与金属管耐高压的双重优点。铝塑复合管管材内部平滑、不腐蚀、不结水垢，比金属管道流量大 30%，能埋于墙壁与混凝土内。

　　用简单的金属探测器，便能探测出装设所在，可以布设在庭院中，用于分支管道，可以安装在明处，可以弯曲成卷收放起来，适合临时浇灌或洗车给水管。

　　铝塑复合管的常用规格有1216型与1418型两种，其中1216型管材的内径为 ϕ12，外径为 ϕ16，1418型管材的内径为 ϕ14，外径为 ϕ18。长度为50、100、200m。

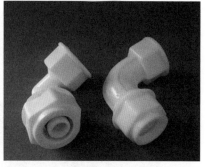

↑铝塑复合管内部有铝制金属夹层，抗压性能好且弯曲。　　↑接头配件品种繁多，应根据管径规格来选购。

4. 镀锌管

镀锌管是传统的给水管，在普通钢管的表面镀锌可用于防锈。镀锌管多用于庭院给水管，通过镀锌管传输的水源仅用于灌溉，不能饮用。因为使用一段时间后，管内会产生大量锈垢，夹杂着内壁滋生的细菌，锈蚀造成水中重金属含量过高，严重危害人体健康，不能作为生活水管使用。

镀锌管的规格很多，主要有ϕ20（4分管）、ϕ25（6分管）、ϕ32（1寸管）、ϕ40（1.2寸管）、ϕ50（1.5寸管）等，其每种规格的内壁厚度也有多种规格。以ϕ25mm（6分管）的镀锌管为例，其内壁厚度为1.8、2、2.2、2.5、2.75、3、3.25mm等多种。

选购镀锌管时，要注意产品质量，关键在于表面的镀层厚度与工艺，优质产品表面比较光滑，无明显毛刺、扎手感，不能存在黑斑、气泡或粗糙面。管材的截面厚度应当均匀、饱满、圆整，不应存在变形、弯曲、厚薄不均等现象。

↑镀锌管表面应无锈迹，呈蓝灰色。　↑镀锌管接头应用生料带密封，可以选用铜质配件，缓解缩涨。　↑镀锌管在庭院安装应配置固定支架，保持横平竖直。

★庭院小贴士

水泵

水泵是输送液体或使液体增压的机械，它能将机械能量传送给液体，使液体能量增加，促使液体加速流动，能到达更远的地方。用于庭院的水泵功率较小，一般应选择50～100W的产品，适用于庭院水景循环供水，如假山水景、灌溉冲洗等。

←太阳能水泵不需要额外配置电路就能达到良好的水景喷射想过。

5.5 照明亮化必不可少：电路安装材料

电线是指传导电流的导线，是电能传输、使用的载体，其内部由一根或几根柔软的金属导线组成，外面包裹轻软的保护层。

1. 单股线

单股线即是单根电线，又细分为软芯线与硬芯线，内部是铜芯，外部包裹PVC绝缘层，需要在施工中组建回路，并穿接专用阻燃PVC线管，方可埋设。为了方便区分，单股线的PVC绝缘套有多种色彩，如红、绿、黄、蓝、紫、黑、白与绿黄双色等，在同一庭院工程中，选用电线的颜色及用途应一致。

单股线都以卷为计量，每卷线材的长度标准应为100m。单股线的粗细规格按铜芯的截面面积来划分，一般而言，普通照明用线选用1.5mm^2，插座用线选用2.5mm^2，水泵、压缩机等大功率电器设备的用线选用4mm^{2}以上的电线。此外，为方便施工，还有单股多芯线可选择，其柔软性较好，同等规格价格要高10%左右。

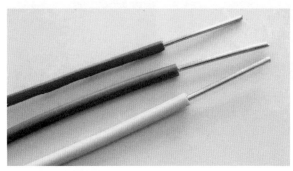

↑单股线特别醒目，用于连接火线、零线、地线，包装应严密，防止氧化。

↑单股多芯线内的铜芯有顺序的缠绕在一起，不能混乱。

2. 护套线

护套线是在单股线的基础上增加了一根同规格的单股线，即成为由两根单股线组合为一体的独立回路，这两根单股线即为一根火线（相线）与一根零线，部分产品还包含一根地线，外部包裹有PVC绝缘套统一保护。PVC绝缘套一般为白色、黄色或黑色，内部电线为红色与彩色，安装时可以直接埋设到墙内，使用方便。

在选购时要注意，护套线表面应光滑，不起泡，外皮有弹性，每卷长度应大于等于98m，优质电线剥开后铜芯有明亮的光泽，柔软适中，不易折断。

↑护套线的 PVC 绝缘套内一般包含一根零线与一根火线。

↑护套线在单股线的外部增加了护套层，具有较强的抗磨损性。

↑护套线以卷计量，且外观颜色较少。

3. PVC 穿线管

PVC 穿线管采用聚氯乙烯（PVC）制作的硬质管材，它具有优异的电气绝缘性能，且安装方便，适用于各种电线的保护套管，使用率达90%以上。在庭院中，单股线必须外套PVC穿线管，如果将电线埋设在泥土、混凝土、水泥砂浆中，护套线也必须外套PVC穿线管。

PVC 穿线管的规格有 ϕ16、ϕ20、ϕ25、ϕ32等多种，内壁厚度一般应大于等于1mm，长度为3m或4m。为了在施工中有所区分，PVC穿线管有红色、蓝色、绿色、黄色、白色等多种颜色。其中 20mm的中型PVC穿线管价格为1.5～2元/m。为了配合转角处施工，还有PVC波纹穿线管等产品，价格低廉，价格为0.5～1元/m。

↑ PVC 穿线管用在庭院中，应选用外壁较厚的规格。

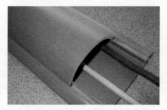

↑ PVC 穿线地面管厚度更大更耐磨。

↑波纹穿线管可弯折转角使用。

4. 接线暗盒

接线暗盒是采用PVC或金属制作的电路连接盒。由于现在各种电线的布设都采取暗铺装的方式施工，即各种电线埋入墙、地面或构造中，从外部看不到电线的形态与布局，使庭院环境显得美观、简洁，这些是必备的电路辅助材料。接线暗盒主要起到连接电线，各种电器线路的过渡，保护线路安全的作用。

选购时应注意，识别接线暗盒的质量主要观察其颜色，优质产品一般为白色、米色，质地光滑、厚实，有一定的弹性但不变形。将暗盒放在地上，用脚踩压应不变形或断裂。用打火机点燃后无刺鼻气味，离开火焰后会自动熄灭。优质暗盒的螺钉口为螺纹铜芯外包绝缘材料，能保证多次使用不滑口。如果用于高强度户外空间，还可以搭配金属接线暗盒使用。

↑加厚产品的接线暗盒适合用在庭院中。

↑对于普通的接线暗盒而言，优质产品的颜色为白色。

↑金属暗盒抗压性更强，适用于容易受挤压的部位。

5. 开关插座面板

开关插座面板是控制电路开启、关闭的重要构造，是电路材料的重点，开关插座面板价格相差很大，品牌繁多，从产品外观上看并没有多大区别，但是内在质量相差却很大。

↑产品表面为干净的白色，与边缝颜色应一致。

↑庭院中选用带防水盖板的开关插座面板，确保人身安全。

普通开关插座面板的规格为86型、120型。其中86型是一种国际标准，即面板尺寸约86mm×86mm。120型面板一般都采用模块化安装，即面板尺寸约120mm×60mm或120mm×120mm，可以任意选配不同的开关、插座组合，一般国际品牌大厂的产品多为86型。

↑优质的开关插座面板表面看起来光洁且有质感。

↑用螺丝刀撬动插座孔中的挡板，能轻松撬开，且有弹性。

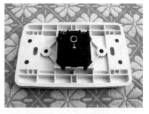

↑鉴别是否为镀铜铁片，能被磁铁吸住的是铁片，采用镀铜铁片的产品极易生锈变黑。

5.6 成品与半成品的便捷利用：形体构造材料

1. 防腐木

防腐木是指采用防腐剂对木材进行抽真空与加压处理，具有防腐性能的木材。防腐剂渗透并固化木材后，能使木材具有防止腐朽功能与防止生物侵害功能。防腐木能够直接接触土壤与潮湿环境，能在户外各种气候环境中使用15～50年不腐朽。

←庭院防腐木栈道平台构造

（1）防腐木树种。

防腐木中的防腐剂要根据不同树种来施加，并不是所有树种都能加工成防腐木，常见的防腐木树种有以下几种。

1）樟子松。又称为欧洲赤松，能直接采用高压渗透法做全面防腐处理，所有木质构造都可以长期保存。樟子松是我国目前最常用的防腐木。

2）柳桉木。结构粗，纹理直或斜面交错，易于干燥与加工，且着钉、油漆、胶合性能均好，在干燥过程中少有翘曲与开裂现象。

左：樟子松。经过处理之后，质地干燥坚硬。

右：柳桉木。加工型性能较好，一般不适用于地面。

3）南方黄松。原生长于美国南部地区，木理纹路优美，强度高，磨损少，防腐性好，防腐能力达50年以上，常被用于户外平台、步道、桥梁等设施的建造中。

4）铁杉。强度略低于南方黄松，可以保持稳定的形态与尺寸，不会出现收缩、膨胀、翘曲或扭曲，而且抗晒黑。铁杉具有很强的握钉力与优异的粘合性能，可以接受各种表面涂料，而且非常耐磨，是适合户外各种用途的经济型木材。

↑南方黄松。纹理清晰，一般在表面涂饰调　↑铁杉。色彩较浅，一般为胶合产品。
色清油。

5）碳化木。是在不含任何化学剂条件下，采用高温对木材进行同质炭化处理，可树种选择的加工树种更多，能使木材表面具有深棕色效果，并具有防腐及抗生物侵袭的作用，其含水率低、不易吸水、材质稳定、不变形、隔热性能好、施工简单、涂刷方便、无特殊气味，是目前庭院构造的首选防腐木。

↑碳化木性能稳定，多用于制作凉亭，花坛等构造。　↑碳化木制作的花坛既结实耐用，又
美化庭院。

6）菠萝格。是防腐木中稳定性最好的树种，菠萝格因颜色有轻微差别，分为红菠萝与黄菠萝，大径材的树根部颜色偏红、偏深，品质较好，小径材的树梢部颜色偏黄、偏浅，色泽较好，主要应用于户外地板，性价比较高。

7）红雪松。是最高等级的防腐木材，自身具有防腐功能，无需进行人工防腐与压力处理。红雪松稳定性极佳，使用寿命长，不易变形，另外它还适用于高湿度环境，适用于制作水景花台。

8）云杉。纤维纹理细密，木节小，烘干后具有出色的抗凹陷、抗弯曲性能，强度与铁杉相似，比大部分软木树种的强度高，且易于油漆与染色。产品的稳定性更高，而且表面加工精细。

↑菠萝格强度较高，防腐性能稳定，适用于地板。　↑红雪松色彩较深，防腐效果最佳。　↑云杉纹理细腻，大多为胶合产品。

（2）防腐木的应用。

在庭院中，防腐木主要用于木地板、木栈道、木秋千、构造设施等。防腐木采用螺钉、螺栓固定连接。防腐木型材的长度多为4m，厚度为10~180mm，宽度为40~180mm，截面有矩形与方形两种。价格比较均衡，以20mm×88mm×4000mm（厚×宽×长）的花旗松碳化木为例，价格为38~40元/根。用于铺装木地板，综合造价为180元/m^{2}左右。用于制作占地面积约4m^{2}的户外凉亭，综合造价为10000元/套左右。防腐木原材料的价格并不高，只是用于加工的人工费、机械费较高，一般庭院仅用于制作户外平台或木栈道。

↑庭院地面高低落差较大，可用防腐木制作旱桥。　↑防腐木地面铺装应涂饰调色油漆，具有耐磨性。

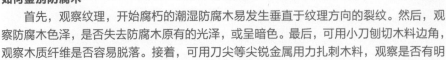

★庭院小贴士

如何鉴别防腐木

首先，观察纹理，开始腐朽的潮湿防腐木易发生垂直于纹理方向的裂纹。然后，观察防腐木色泽，是否失去防腐木原有的光泽，或呈暗色。最后，可用小刀刨切木料边角，观察木质纤维是否容易脱落。接着，可用刀尖等尖锐金属用力扎刺木料，观察是否有明显陷入感。

↑ 观察木板的边角是否光滑，纹理是否细腻。

↑ 突然用力扎刺，感受陷入感是否强烈，太强烈说明木料密度过低。

↑ 用刀削切木料边缘，观察是否容易脱落。

2. 围栏

从最早出现的木制围栏，是人们了为了圈养各种牲畜而设置的障碍物。发展到现今，围栏在我们生活中经常以不同的外观形式出现，有着非常广泛的用途及内涵。在庭院中，有着庭院面积界定、防护围合、美化装饰的作用，一般安装在庭院边界、花坛树木外围、楼梯台阶扶手等部位。

←电子围栏具有强大的阻挡作用和威慑作用，备有报警接口，能与其他安防系统联动，提高系统的安全防范等级。

（1）铝合金围栏。

铝合金围栏是采用铝合金冲压而成，表面进行涂饰，可拆装，局部焊接，其他采用螺丝安装，连接紧凑，无松散脱落现象。整体包装、运输、安装方便。围栏容易加工、运输费用经济，铝合金材质可抵御较大的拉力与冲击力，同时拥有更加良好的柔韧性。表面富有坚硬的铝氧化膜，色彩丰富，能使围栏具有极强的耐腐蚀性。

铝合金围栏价格为300～400 元/m²。选购铝合金围栏，不要被丰富的色彩所迷惑，观察型材壁厚与平整度，薄壁型材不能用。铝合金型材长度一般为6m，观察是否有明显的扭拧，扭拧很大不能用。观察型材表面有无开口气泡与灰渣，表面不允许有裂纹、毛刺、起皮等。用两手弯曲，扭拧强度较好，松手后能复原。

在型材表面用钥匙轻划一道，在型材表面留有划痕，如能用手擦掉，说明没有擦掉氧化膜，如用手擦不掉，氧化膜已被划掉，说明氧化膜牢固度差，氧化膜太薄，铝材氧化质量差。空心型材内壁如有发蓝、发青、发黄等现象均属废铝，不宜选用。

↑铝合金围栏不生锈，不会污染墙体基础。　↑铝合金围栏可加工成弧形，但幅度有限。

（2）锌钢围栏。

锌钢围栏是指对型钢进行镀锌与喷塑处理后制作的围栏。锌钢围栏采用无焊穿插组合方式进行安装，线条流畅、色彩鲜明、经济实惠，具有超强的防腐性、耐潮湿性、耐候性，表面光滑、平整，清洁方便，不需保养。锌钢围栏虽然内部基层材质仍为型钢，但是表面经过喷塑处理，能完全封闭型钢，不会生锈，视觉效果良好。

锌钢围栏价格为150元/m²左右。选购锌钢围栏的关键在于观察表面，看涂层是否细致、均匀，优质产品应完全没有凸凹、裂缝，且色彩均匀。观察型材的截断面，厚度为3mm左右，具有一定强度，能承载压力。

←锌钢围栏要注意表面涂层的密封效果，否则容易生锈。

（3）不锈钢围栏。

不锈钢围栏是采用不锈钢管焊接制作，其中可带有装饰造型，自重较轻。不锈钢材质分为201、204、300、301、304等，市场上一般为204与301材质，3系列要比2系列质地更好。不锈钢围栏并不时完全不锈，在潮湿气候下，焊接点仍会产生锈迹，随着雨水滴落会污染墙地面。不锈钢围栏价格为100 元/m²左右。

←不锈钢围栏如果保养不当或者环境恶劣依然会造成生锈。

（4）铁艺围栏。

铁艺围栏是采用型钢、钢筋、冷轧钢（扁铁）焊接的围栏，是最传统的庭院围栏，最大的优势在于质地坚硬，围护安全，适用于庭院外部边界与大门安装，具有良好的防盗功能，耐用性好。

铁艺围栏在加工过程中，能变化出更多造型，具有设计创意，能迎合庭院的设计风格。铁艺围栏价格为300 元/m²左右，具有特殊花形的加工产品价格会达500 元/m²。

↑铁艺围栏中可制作镂空花型，造型优美。

↑铁艺围栏生锈的概率较大，应在表面涂饰防锈漆。

（5）PVC围栏。

PVC围栏是采用聚氯乙烯塑料制作的成品围栏，又称为塑钢围栏。PVC围栏无需油漆与维护保养，免除维护保养的劳累与麻烦，综合成本低，对人无害，具有足够的强度与抗冲击性能，使用寿命可达30年以上。

PVC围栏由于强度不高，一般用于庭院花坛、灌木丛周边安装，高度为600～800mm为佳，高600mm的PVC围栏价格为70～80元/m，用于庭院外围的围栏高度可达1900mm，价格为160元/m左右。选购PVC围栏，主要观察型材内部有无衬钢，如果价格低且没有衬钢，可以局部用于花坛、灌木。

↑ PVC 围栏强度不高，安装高度不大，适用于灌木丛隔断与装饰。

↑ PVC 围栏可结合墙体共同将庭院围合起来。

（6）电子围栏。

电子围栏是目前最先进的周界防盗报警系统，它由电子围栏主机和前端探测围栏组成。阻挡作用首先体现在威慑功能上，金属线上悬挂警示牌，一看到便产生心理压力，且触碰围栏时会有触电的感觉，足以令入侵者望而却步；其次电子围栏本身又是有形的屏障，安装适当的高度和角度，很难攀越；如果强行突破，主机会发出报警信号。

(a)   (b)

↑电子围栏安装在小区庭院或别墅中，可提高庭院的安全性。

3. 阳光房

阳光房又称为玻璃房，是采用玻璃与金属框架搭建的户外建筑构造，一般用于庭院、屋顶花园、阳台等空间，能让人享受阳光，亲近自然。

↑在庭院花园内搭建阳光房，除却使用功能，还能美化花园环境。

↑将屋顶露台改造成阳光房更方便晾晒。

（1）阳光房功能。

1）拓展居住空间。如果住房室内面积小，为拓展生活空间，如客厅、书房、活动室等，建造的阳光房私密性要求高经济水平较低则可选择保温板屋顶，塑钢门窗加保温墙作周边围合材料。

2）种养绿化植物。如果建造阳光房主要是为了冬季养花种草，就要求阳光房有较好的通风，适当的日照。

↑平顶阳光房顶面可开启，应注意密封与排水。

↑屋顶花园阳光房的顶面造型应与建筑保持统一，可用于种养绿化植物。

3）休闲娱乐健身。如果建筑面积较大，特别是别墅阳光房主要是用于冬季休闲、健身、养花等，宜选择屋顶可以移动开启的整体阳光房。

（2）阳光房形式。

阳光房从阳台或露台变化而来，也有别墅在户外加盖的，空间不大，但玻璃窗户很大，光线好。在阳光房的装饰中常见的是采用自然材料，搭配舒适的家具，让室内外的风景在这里衔接自然，一般设置为茶室、盥洗室、娱乐室，打造出更为舒适浪漫的休闲空间。阳光房以亲近阳光为主，它连接着建筑室内外的空间，能起到过渡作用。

←将连接庭院的阳台改造成阳光房后，阳台即可变成入户门厅。

★ 庭院小贴士

阳光房选购

阳光房整体价格较高，塑钢骨架配 5mm 厚双层钢化玻璃阳光房，高度 2.6m 左右，平均价格为 1500 ~ 2000 元 /m²。阳光房的形式很多，一般向专业厂商订购生产，现代用于庭院的阳光房主要采用型钢、铝合金、塑钢等材料制作骨架，安装钢化玻璃或彩色涂层钢板。钢化玻璃顶通透性最好，但是隔热与保温性就不太好。彩色涂层钢板的隔热与保温性较好，但是不透光。

↑阳光房彩色涂层钢板

↑阳光房钢化玻璃

4. 娱乐设备

休闲设施是现代庭院的重要组成部分，既有使用功能，又有一定趣味性，是现代家居生活的点睛之笔，休闲设施主要包括以下内容。

↑以室内家具为尺寸模板的庭院家具舒适性较好。　↑仿制木车具有很强的观赏价值，适用于西方古典风格或者田园风格庭院。

（1）庭院家具种类。

现在的户外家具可以分为固定家具、移动家具、携带家具。固定家具包括帐篷、大型桌椅等，这类家具要选用优质材料，具有良好的防腐性，重量较大，可以长期放置在庭院中。移动家具包括藤椅、可折叠桌椅、太阳伞等，用的时候放到庭院，不用的时候可以收纳起来放在室内，这类家具更加舒适实用，不用考虑坚固性与防腐性。携带家具包括小餐桌、轻便餐椅、太阳伞，这类家具一般是由铝合金或帆布做成的，重量轻，便于携带。

↑固定家具成本较低，但是不能移动。　↑移动家具为了提高稳定性，体量相对较大。　↑便携家具可折叠，便于携带、收拾。

（2）雕塑小品。

雕塑小品与周围环境能共同塑造出一个完整的视觉形象，通常以其小巧的格局、精美的造型来点缀空间，使空间诱人而富于意境，从而提高整体环境景观的艺术境界。雕塑小品按使用功能分为纪念性、功能性与装饰性雕塑等。从表现形式上又可分为具象与抽象，动态与静态雕塑等，在布局上展示其整体美、协调美。雕塑小品应该配合庭院内建筑、道路、绿化及其他公共服务设施来设置，起到点缀、装饰、丰富景观的作用。庭院应该具备人文思想，切忌尺度超长过大，更不宜采用金属光泽的材料制作。

↑山石雕塑既具备雕塑的装饰性，同时又能够发挥其实用功能，方便人们观赏和休息。

↑铜像雕塑具象展现了女性柔美的气质，点缀、提升空间的整体气质。

（3）健身器材。

庭院内可以根据需要适当布置户外健身器材，常见的健身器材主要有漫步机、健腰器、仰卧起坐器、肩背按摩器、天梯等，在阳光房内还可以放置电动健身器材。

在布置健身器材时要注意分区，将健身器材布置在庭院的边侧，但是应该保证有良好的日照与通风。休息区也可以布置在运动区周围，供健身运动的业主存放物品，健身器材周边可以种植遮阳乔木，并设置少量座椅或饮泉。健身区地面宜选用平整、防滑、且适于运动的铺装材料，同时满足易清洗、耐磨、耐腐蚀的要求，室外健身器材要考虑老年人的使用特点，要采取防跌倒措施。

↑户外健身器材坚固耐用，地面铺设防滑垫。

↑在健身器材旁边需要设置一些简单的休息座椅，方便运动健身后休息。

5.7 火眼金睛来挑选：庭院材料选购、价格、鉴别全攻略

1. 材料选购市场

近年来，庭院装修、改造越来越普及，基本上所有业主都会选购庭院材料。市场上的选购场所也很多，不同的购物场所，价格与质量都有不同，其中，我们可以从以下四个地方去选购。庭院布置所用的材料门类较多，以目前我国的市场销售门类来看，需要到不同的专业市场选购才能配置齐全。

↑家居建材超市里面的庭院材料品种齐全。

（1）大型建材市场。

大型建材市场是最传统的庭院材料、设备购买场所，店面较多，主要销售家居室内装修材料，但是也有专业从事庭院与园林景观材料销售的门店，价格适中，可以还价。为了提高销售量，商家所备产品的质量参差不齐。高档产品的价格可能超过家居建材超市，低档产品的价格可能低得令人不敢相信自己的眼睛。大型建材市场的客户不仅是庭院业主个人，更多的还是公共景观工程公司，批量销售为主，零售为辅。因此销售备货多以低价产品为主，公共景观平时有专人维护，间隔3～5年会重新改造。

（2）网店。

在网上选购商品一般都是看中低廉的价格，但是邮寄到手的实物有时会与网上的图片相差较大，不能完全寄希望于网店商品，它只能作为选购的额外补充。当地市场没有的材料可以在网店订购，如特殊纹理的地砖、石材、木材等，特殊造型的户外家具、围栏大门等，或具有科技含量的感应门、自动喷泉等。由于庭院的材料、设备形体较大，通过网店采购需要联系物流公司送货，这是一笔不小的开销，因此也不宜大量采购，仅作为当地市场采购的补充。

↑大型建材市场门店繁多，能够更加直观地看到、买到喜欢的建材。

↑现在许多人通过网购来选择自己需要的材料，这种方式的物流配送更加快捷。

（3）园林景观市场。

园林景观市场专业从事户外庭院材料、设备销售，虽然门类齐全，但主要以体量较大的绿化植物、山石水景为主，材料可直接从店面后的仓库搬运上车直抵庭院内，还承接各类庭院的设计、施工业务，价格适中，可以议价。在园林景观市场主要选购绿化植物与山石水景，部分商家也销售亭台、阳光房、健身器材、围栏大门、防腐木家具等产品。其中绿化植物品种齐全，小到1~2元的盆栽，大到1000~2000元的乔木，应有尽有。山石品种也很丰富，提供特制加工、雕花刻字等服务，价格均在能接受范围内。

↑有些关林景观公司提供送货的服务，使用大卡车装载。

↑园林景观市场的绿化植物品种齐全。

↑园林市场门店大多以绿化植物为主，零散家山水石材销售店面，价格低廉、实惠。

★ 庭院小贴士

完善的配套服务

　　在园林景观市场选购材料要注意，很多商家店面不大，但是广告中却标出所有可能用到的商品，那些超出店面销售范围的商品多为临时从其他商家配货，其中差价很高，因此尽量不在同一家店面购买所有产品，可以分开购买，最后自己联系货车统一运输。

　　一些具备使用功能的材料设备要考虑售后服务，如遥控车库门、电子密码锁等设备价格较高，这些产品可以通过售后服务来考察厂家及商家的实力，看售后服务期限和服务点的覆盖范围。

2. 材料价格评估

　　目前，我国的装修市场主要集中在家居室内，庭院的材料、设备在市场上销量不多，不少商家往往给零售客户开出很高的价格，因此，采购这类材料时要掌握一定的价格评估方法。

　　（1）材料的功能价值。

　　在庭院中，使用功能独特且使用频率高的材料，价格一般较高，可以从材料功能上来判断价值。目前，庭院的功能主要表现在以下三个方面。

　　1）装饰功能。庭院工程最显著的效果就是满足装饰美感，户外各基层面装饰都是通过材料的质感、色彩、线条样式来表现的，可以对这些样式进行巧妙处理，来改进我们的生活空间，从而弥补原有庭院功能的不足，营造出理想的空间氛围与意境，美化我们的生活。

　　2）保护功能。庭院在长期使用过程中，会受到日晒、雨淋、风吹、撞击等自然气候或人为条件的影响，会造成建筑的墙体、梁柱等结构出现腐蚀、粉化、裂缝等现象，影响了户外空间的使用寿命。选择适当的材料对表面进行装饰，能够有效地提高庭院构造的耐久性，降低维修费用。例如，在庭院墙面铺贴天然石材，可以减少高温、潮湿对水泥墙面的侵蚀，保护建筑结构；在墙面门窗上檐安装雨棚，能有效保护门窗构造不被腐蚀。

↑光滑石材能制作出精美的构造。

↑粗糙石材主要用于墙面铺装。

3）使用功能。庭院材料还应该具有一定的使用价值，能改善起居环境，给人以舒适感。不同部位与场合使用的材料及构造方式应该满足相应的功能需求。例如，庭院地面制作架空木平台，能起到保洁、隔湿、隔热的作用。停车位地面铺设小块混凝土砖，能防止汽车压塌泥土地面，及时损坏也能及时更换，且具有防滑、防水的作用。

↑架空木平台配饰较多，成本较高。

↑小块混凝土砖抗压性强，维修成本低廉。

（2）识别材料价值。

庭院中所用材料门类丰富，要仔细识别才能判断其价值。下面介绍几种通用的识别方法，在其后章节中还会针对每种材料详细说明。

1）分解材料。很多材料的外观设计很新颖，造型独特，在一般市场上很难买到，估测它的市场价格就有难度。这时可以将相中的产品在头脑中作简单分解。例如，一块300mm×300mm的塑木地板是由多块复合竹木表层与聚乙烯塑料底层拼装而成的，背面安装有金属螺丝。从表面防滑凹槽上看，这种材料的竹木部分是采用模具压铸，属于批量产品，因此生产成本很低。但是厚度较大，用料较多，比较硬朗，价格在8元/块左右，批发商与个体零售商要先后提高2～3倍，这样一来，标价就应该是15～20元/块，这个价格就是比较准确的零售价格，几乎所有产品都是如此。当然，工艺性很强的木雕就要着重考虑它的人工成本，对于机械感很强的金属材料就要着重考虑它的材料成本，这种分解需要一定的生活经验，经过这样多次分析就会准确掌握产品价格，在购买材料时才能得到实惠。

↑塑木地板表面具有防滑凹槽，质地浑厚。

↑塑木地板背面固定网架，用于铺装固定。

★庭院小贴士

议价技巧

（1）除虚就实。在选购时一定要除虚就实，待店主报价后，可以问实价，店主自会降一点价，如果还觉得高，可要求再降一点价，直到双方都满意。

（2）吹毛求疵。市场销售规则一般是无论商品质量如何，商家都会说他们的商品质量都是很好的，决不能轻易相信，一定要有自己的判定。

（3）巧选参照。近年来，很多具有创意的材料层出不穷，要到大型建材超市去考察，大型建材超市对于这类商品的定价一般会高于个体店铺1.5～2倍，以此为参照，就可以得到参考价格了。

（4）交代底线。商家做生意自然要赚钱，谁也不会做赔本的买卖，因而，他们的货物一般都有个底线的，如果还价低于底线，店主自然不会出手。

2）辨别基材。基材直接决定材料的质量与环保性能，优质材料质地明朗，木材、金属等材质特征一看就清楚，反而那些塑料仿制品外表都会涂饰油漆来掩饰真实材料。真实基材一般比较厚重，即使是木材、塑料制品也会有相应的手感，较同类材质的日常生活用品要厚重。庭院材料主要用于户外，使用时间较长，最好选择材质真实，具有厚重质感的品种，虽然价格贵些，但是购买的数量却不多，在庭院中，精心挑选1～2件上档次的材料用于使用频率高的部位就足够了。

↑透过油漆可以看到木材的真实纹理。

3）观察细节。材料的审美重点就在于细节审美，优质材料的细节要求精致、华丽，满足各个角度的远观近看。金属材料的细节要求光滑锐利，具备高度反光特性；陶瓷、玻璃材料的细节要求过度细腻，柔中带刚，尤其是玻璃制品更要晶莹透彻；木质品的细节要求纹理清晰流畅，转角平滑，饰面油漆光洁；藤质家具的细节要求纹理均衡，质地朴实，手感舒适，图案雅致。

↑落地窗户光滑透亮，清晰透射观赏庭院景观。　↑竹编桌椅表面光滑无毛刺，纹理均衡。

4）绿色环保。注意材料的质地是否符合现代环保生活，除了运用对人体无害的材质材料以外，还需要具备低碳生活消费需求，如石灯笼、彩色鹅卵石、丙烯手绘墙，这类材料材质单一，同样具备很高的审美价值。当然，最好能运用降解材料，并具有很高的使用价值，这是当今生活的时尚。绿色环保材料是相对于普通材料而言的，在材料的加工与生产过程中减少对人体有害的化学添加剂成分，或采取有效的外部防护措施，对日常生活不造成污染因素

↑石灯笼。结构简单，摆放应稳固，不易　↑彩色鹅卵。石价格低廉，有多种组合铺贴方式。
松动脱落。

←丙烯手绘墙。观赏价值高，可随时更涂，绿色环保。

（3）材料价格分配。

　　不要一味买贵的，但是根据的使用周期，也有可省钱的地方。例如，墙面铺装材料不必太高档，墙裙部位可以铺装蘑菇石或普通仿古砖，主材价格在40元/m²左右即可。以装饰为主的铁艺围栏也不必太粗，价格为200元/m²左右，主要注意做好防锈漆即可，也可选不锈钢围栏，价格为300元/m²左右。

↑黑色蘑菇石价格低廉，强度较大。

↑锈钢围栏也能制作花形，只是价格稍高。

★庭院小贴士

材料的外观选择

　　材料的外观主要是指材料的形状、质感、纹理、色彩等方面的直观效果。材料的形状、质感、色彩的图案应与空间气氛相协调。空间宽大的庭院，所选材料的表面组织可粗犷而坚硬，应采用大线条的图案，突出空间的气势。对于相对窄小的庭院，可以选择质感细腻、体型轻盈的材料。总之，合理而艺术地使用材料外观效果，能使庭院环境显得层次分明、鲜明生动、精致美观。

3. 材料鉴别方法

同种材料的外观基本一致，但是由于品牌、规格、产地不相同而导致质量有差异，单以价格来判定材料的质量往往会被商家牵着鼻子走，下面就介绍几种实用的庭院材料质量鉴别方法供参考。

←石材的真伪对于庭院装修来说至关重要，掌握住鉴别方法，避免上当受骗。

（1）观察表面。

用肉眼观察材料的表面质地，根据材料质地优劣来判定好坏。一般而言，质地平和、均匀的材料质量尚可，粗糙且纹理不规则的属于伪劣产品。当然，这种鉴别方法需要通过比较同类材料才能得出结论。

例如，在庭院中常用于地面铺装的花岗岩，优质产品的纹理特别均匀，即使是粗磨板也很平和，多块石材对比没有明显色差。低价产品的纹理就不太均匀，或是密集的颗粒集中在同一处，或是多块石材之间有色差。粗粒及不等粒结构的花岗岩板材其外观效果较差，机械力学性能也不均匀，铺设后遇到外力就容易破裂。此外，混凝土砖、防腐木等体块材料都可以采用这种方法来鉴别。

↑对比观察石材表面的光滑度及纹理的分布。

↑优质石材对比，没有色差。

（2）测量尺寸。

用卷尺或游标卡尺测量材料的外观尺寸，误差过大的材料会免影响拼接，或造成拼接后的图案、花纹、线条变形，影响庭院效果。

一般使用卷尺测量砖材、板材的长宽尺寸。例如，铺装在地面上的仿古砖，边长规格一般为300mm或600mm，经过测量后，优质产品的各边长的误差应小于1mm，这样铺装效果才整齐合理，而优质石材的边长误差应小于2mm。还可以使用游标卡尺测量片材、板材的厚度，或管材的直径，一般优质产品的误差都应该小于等于1mm。测量尺寸适用于采用模具加工的材料，由此可以看出厂家的生产技术与环境，这是制约材料质量的关键。

↑测量砖块的各边边长，观察是否尺寸一致。　↑游标卡尺能精准地反映砖材的厚度。

（3）敲击听音。

用小铁锤敲击材料，使其发出声响，仔细听其声音是否清脆、响亮来判断材料的密度高低，即清脆、响亮的声音代表材料密度较高，质量不错，反之则较差。

这种方法适用于密度较高的金属材料或薄板状材料。例如，用小铁锤敲击天然大理石或花岗岩板材，优质石材其敲击声清脆、悦耳；相反，若石材内部存在显微裂隙或因风化导致颗粒间接触变松，则敲击声粗哑、沉闷。如果没有小铁锤，也可用手指关节敲击，但是要仔细比较。

↑小铁锤敲击力度不宜过大，手持石材边角。　↑砖材不宜用铁锤敲击，避免破裂，用手敲击就能听出明显差异。

（4）滴水测试。

采用茶水、酱油、墨水等有色液体滴落在材料表面，观察其渗透程度，如果液体快速渗透到材料中或快速干燥，则说明材料的密度较低，强度不高，反之则说明质量不错。

这种方法适用于木材、砖材、石材与复合材料等。例如，在石材的表面或截断面上滴一粒酱油，如果酱油很快四处分散浸开，就表明石材内部颗粒较大，属于低密度石材，不结实，不能承载车辆，不适合庭院停车位地面铺装。

↑抛光石材表面应完全不吸水。

↑表面粗糙的石材也不吸水。

（5）燃烧测试。

采用打火机燃烧或烘烤材料表面，观察其易燃程度，如果材料遇到火焰快速燃烧，则说明材料的密度较低，其中有大量空隙，不耐腐蚀。反之则说明具有一定的防火性，质量不错。

这种方法适用于木材、塑料、藤制品、PP-R管等有机材料，不适用于金属、玻璃、石材等不可燃烧的材料。例如，将打火机点燃火焰，让火焰接触防腐木、PP-R管，30s内优质材料不会燃烧或产生火星，反之则说明质量不高。对于塑料材料的燃烧时间，要根据具体材质来定，但是用于户外庭院的材料均不应遇火即燃。

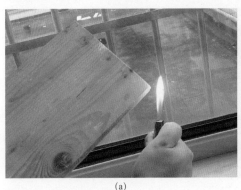

(a)

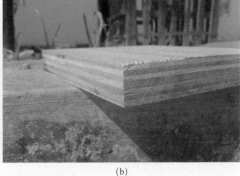

(b)

↑将火焰接近木材，优质产品不会被轻易熏黑，更不会自燃。

Chapter 6
庭院施工完美实施步骤

识读难度： ★★★★★

核心概念： 勘测、设计、绘图、成本核算

章节导读： 要将创意设计变为现实，必须要经过图纸绘制，只有转换为图纸才能给后期选材、施工提供范本。很多业主认为庭院设计是家居室内设计的附属，设计成什么样无所谓，但是庭院装修的开销也不少，厚此薄彼会造成无端浪费，且与室内装修品质不协调。庭院的设计实施应当落实到细节，注重比较分析，进行统筹考虑。

↑设计构思庭院图纸时，要做到心中有数，建筑与周围景物的风格要一致。

6.1 获得精确严谨的尺寸数据：现场勘测方法

在庭院设计施工之前，要对庭院环境进行充分考察，仔细测量庭院各部位尺寸，尤其是细节尺寸一定要记录下来。将获取的信息经过提炼、加工，再将这些信息提供给设计师作参考。考察测量是庭院设计获取第一手设计信息的重要手段，庭院的考察测量不同于室内，除了需要获取尺寸外，还要关注朝向、采光、排水、绿化、地质状况以及周边环境等信息。

↑地面测量使用水平尺，保持水平。

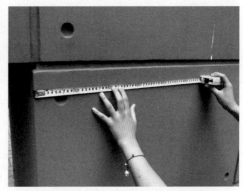

↑墙面测量要求控制住平整度，卷尺要拉直。

1. 拍摄照片

拍摄照片能反映现有庭院的真实信息，如排水管的位置、布局形式、绿化情况、景观视线、建筑风格、现有材料等。

当设计理念产生时，照片有助于记忆建筑与基地的外观，此外，照片还能提供对后期设计有帮助的细部信息，如铺地形式、栅栏风格、建筑细部、门窗形态等。在随后的设计过程中，照片可以进一步检验设计想法的视觉效果，并提供庭院中各要素之间的确切位置。图片拍摄时，最好在正常的站立或坐下的高度拍摄。

首先，从庭院边角向中心拍摄，覆盖庭院的全貌，拍摄全貌时可以站在庭院外部街道或阳台上。然后，在庭院中心向四周边角拍摄。接着，对设计的重点部位作特写。最后，有选择地拍摄台阶、围栏、建筑等现有构造形态。

↑三脚架固定效果较好，但是移动起来不方便，或将相机搁置在墙头、台阶上。

↑手持相机拍照比较随意，但是要保持稳定，不能随意抖动。

↑将拍摄的照片冲印出来，按顺序排列在墙板上方便分析比较。

★庭院小贴士

拍摄了足够的照片

　　对于反映细部与风格的照片一定要给予特别重视，将照片组合起来就能获得庭院的全貌。从原则上说，只要拍摄了足够的照片，在其后的设计阶段就不会有任何疑问了。

2. 绘制简图

　　照片拍摄完毕后还需绘制简要的庭院布置图，绘制简图的目的在于记录一些照片所不能包含的文字、数据等信息。绘制简图的步骤如下。

　　（1）在图中标出南北方向，明确表达庭院的方向。

　　确定方向能为后期选种植物、设计构造奠定基础。例如，寒风会使人感到不舒服，还会摧毁幼嫩的植物，所以要注意标注，以便设计时可以在适当部位设置防护网或种植抗寒植物。

　　（2）记录采光情况。

　　庭院中的光线会影响局部构造的位置与功能，特别是在庭院中央或外部有一些高大的物体，它们投下的阴影会影响庭院的设计格局。此外，夏季与冬季的日照时间、角度都不相同，一定要考虑不同季节的采光情况，并作详细记录。

　　（3）记录现有绿化植物的数量、体积、位置与品种。

　　现有绿化植物的数量、体积、位置与品种这些信息能帮助后期设计重新规划绿化植物的种植，或是铲除原有植物再重新种植，或是将现有植物迁移。

　　（4）记录庭院周边环境。

　　庭院周边环境如围墙、台阶、坡地、道路、行人、车辆的状况。围墙年久失修或造型不美观，就必须采取补救措施或重新制作。庭院如果有台阶，就用卷尺量出每个台阶的高度。如果庭院是斜坡，就必须量出斜坡的位置与坡度。庭院周边有公共道路，就要考虑采用绿篱或围栏分隔开。

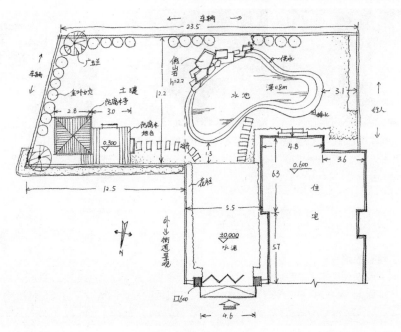

↑绘制简图应尽量详细，将所见全部构造都记录下来，不能有任何遗漏。简图
中主要包括庭院方向、采光、绿化植物与周边环境。

★ 庭院小贴士

考察土壤类型

想让庭院植物生长良好，就要有好的土壤条件。一般而言，植物应该选择适合的土壤结构。在建筑建造的过程中，原有土壤已经被移走，或被来自其他地方的土层所代替，这不利于植物生长。

在新庭院中，要准确地检查土壤，如黏土、沙土、淤泥、腐殖质等成分的比例，便于制定土壤改良的方法。如果需要，再进一步了解土壤的微观结构，以便找出最适宜水、气与植物根系的环境。根据土壤类型来选择适宜生长的植物品种。

3. 地面状况

详细记录庭院的地面状况，庭院地面的原有材料可能是砖、瓷砖、预制混凝土板、破损的混凝土或泥土。如果地面状况良好，则只需少许改动或不改动，直接实施设计方案；如果地面砖块或瓷砖状况良好，但是铺装工艺很粗糙，则可能需要将材料挖起，保管好，以便日后使用，这样能节省开销。

还要注意排水道或检修孔的位置，千万不要将其封住。对于庭院地面还要考察地下结构，主要查看地下是否有水、电、燃气等管道设施，或就此问题直接询问物业管理公司，确保后期施工不破坏公共设施。

↑原始庭院地面多为粗糙草坪与简单树木，开发余地很大。

↑排水明渠的位置，形态不允许改变。

↑特别注意燃气管道是不允许改变的。

4. 测量庭院

在进行庭院测量时，只有对结构、尺寸、设施、设备以及各项状况作详尽了解，设计时才能更客观地判断出庭院的优缺点，为日后施工提供准确的依据，尽量避免在设计与施工中出现遗漏与偏差。

（1）测量工具。

庭院实地测量一般需配齐卷尺与纸笔。优质钢卷尺拉出2m多不会弯折。对于面积较大的庭院也可以选择皮卷尺，用于长距离或周长测量。测量仪是一种新型电子测量设备，有激光、超声波与红外等多种类别。它是通过激光或红外反射的原理来测量空间尺寸，尤其是针对面积很大的庭院，测量起来非常方便，但是操作要平稳。

有的产品质量不过关会造成一定误差，影响后期施工。现在多使用智能手机，部分手机具有测量功能，可以下载安装相关测量软件使用，测量更方便。纸可以选择A4标准白纸，笔一般准备两支，一支是普通中性书写笔，用于在白纸上记录尺寸数据，另一支是H型硬铅笔或粉笔，用于直接在墙上记录尺寸数据。

（2）测量方法。

单人测量时，要逐个数据进行测量。先测量后记录，临时记在头脑中的数据不要超过两个，否则容易造成前功尽弃。卷尺左、右要平整，对齐尺的首端与末端。两人测量时，一人持卷尺，到墙体末端，读出数据，另一人在空间首端定位卷尺，并做书面记录。三人测量时，庭院首尾两端各站一人，所读取的数据报给第三人做书面记录。无论哪种测量方式，都要将卷尺对齐墙边，保持水平或垂直状态，在做笔录的同时，最好将数据也抄写在墙、地面上，供施工员参考。

←单人测量应注意保持卷尺的水平度，避免将卷尺折叠、弯曲或褶皱。

↑双人测量应控制两端的平整度，卷　　↑三人测量可同时读数、记录，操作
尺首端要勾住转角，中端尽量拉直。　　起来方便，而且测量效率很高。

　　在测量过程中，对于过高、过宽的墙壁或构造，不能一次测量到位，就要使用
硬铅笔或粉笔作分段标记，最后再将分段尺寸相加，记录下来。分段拼接而成的尺
寸要审核一遍，分段测量时卷尺两端也应对齐平整，否则测量就不准确。对于横梁
等复杂的顶部构造，一般不便测量，除非临时借来架梯等辅助工具。

↑庭院整体尺寸可用粉笔在墙面和　　↑根据测量数据在笔记中作书面记
地面上作标记，方便后期施工参考。　　录，进行设计。

　　（3）环境分析。
　　环境分析的目的在于补充设计细节，为后期预算与施工奠定基础。很多施工
变更、重复浪费都是由于没有经过细致的环境分析造成的。环境分析需要先从考察
测量中获得大量信息，在考察过程中，无论是有用信息还是无用信息，都要注意观
察，并作必要记录。

↑分析庭院外围道路状况，包括行人、　　↑分析庭院土壤质地是否满足墙面和
车辆的通行频率及其对庭院的影响。　　地面材料的覆盖。

（4）庭院高度测量。

需要获取地面高度数据，无论要建造什么风格的庭园，都要考虑庭院地面的高度变化，如果地面多是由草地、树与灌木覆盖，并以自然随意的方式种植，只要了解地面轮廓的大概数据即可。

1）卷尺竖向测量。可以采用卷尺测量基地的相对竖向高度，包括庭院中具体构造点的相对高度。

↑测量高度时卷尺的首端要贴住地面，确保测量数据准确。

↑单人垂直测量力求一次到位，避免分拼接数据。

2）利用墙或建筑物确定地面高度。最好用砖墙或规则的石墙确定地面高度，因为它们是由墙体与地面连接而建成的，并且很容易看见连接处。

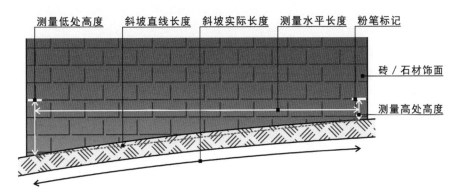

↑倾斜墙面计算。地面的高度与墙是相关的，记录砖墙或石墙的水平缝隙连接点，并用粉笔线标记，从这点垂直向下测量，分别得到不同位置的地面高度。就能表明地面从开端点到末端点的倾斜程度，同时能利用勾股定理计算出斜坡的直线长度，斜坡的直线长度一般比实际坡面长度要短，但是在一般庭院中可以忽略不计。斜坡长度可以用来计算地面真实铺装面积。

6.2 突破专业技术瓶颈：图样设计与绘制

现代庭院设计渠道很多，既可以委托他人设计，也可以自主设计。具体形式要根据业主对庭院的要求与资金投入来决定，下面介绍几种设计渠道。

1. 装饰公司

（1）大中型装饰公司。

大中型装饰公司一般为全国连锁品牌企业，总会给人更放心的感觉，他们有专业的设计师长期值班，随时接待上门咨询的客户，有相对稳定的施工队伍，有较为诚信的后期保修服务。他们主要承接设计品质较高的别墅庭院、景观，更多针对公共空间庭院设计。

（2）小型装饰公司。

小型装饰公司一般仅有3～5人，大多是由一些经验丰富的项目经理或施工员组建，聘请1～2名刚毕业的年轻设计师绘图，设计师所绘图纸中的各种设计、施工细节都与主要负责人协商，基本无创意设计可言。小型装饰公司价格便宜且弹性大，价格商谈的空间很大。

2. 景观公司

目前，大多数景观公司的经营项目是大型公共庭院与园林景观，也有从事庭院设计的小公司，应当先考察其经营性质与业务方向再作进一步沟通。

（1）景观设计公司。

景观设计公司主要从事庭院、园林景观的设计业务，一般不涉及施工，设计收费比较高，一般是先收费后设计，设计收费根据庭院面积来定，以80m²庭院为例，包含各种构造、绿化、水景等设计，全部图纸在20张左右，设计费不会低于3000元。目前，国内的景观设计公司主要承接业务是城市规划景观、公园湿地景观、商业小区景观，很少涉及庭院景观，虽然也能设计，但是专业性不及装饰公司。如果业主的庭院面积较大，达到150m²以上，而且包括前、后、屋顶等多处庭院，可以考虑聘请这类公司设计。

（2）景观工程公司。

主要从事庭院、园林景观的施工业务，由于庭院施工涉及土方挖填、植物种植等园艺内容，就需要更专业的施工员，并使用专业的工程器械，而非普通装修施工员能承担。这类公司一般需要业主自备设计图纸，或在现场边设计边施工。景观工程公司主要在各地花鸟、山石市场登载广告承接业务，业主需要购买相关材料时可以联系施工。如果庭院中需要制作大面积鱼池、喷泉、山石等构造，可以考虑选择景观工程公司。

3. 网络设计

随着网络的发达，越来越多的网站能提供在线设计服务，业主可以根据自己的需要适当选择，网络设计是新事物，还不被广泛宣传，但是它具有价格低廉、设计完备、便捷高效等优势。具体有以下几种形式。

（1）论坛。

论坛是网络交流互动的平台，很多设计网站都附有独立的论坛。知名论坛里有很多设计师，他们相互交流学习，还承接各种设计业务，收费都比较低，一般为先设计后收费，或边设计边收费，这样能保护业主利益不受侵害。

（2）威客。

威客是各取所需的网络模式，解决各种科学、技术、工作、生活、学习等领域的问题。在设计威客上，业主可以发布设计需求并给出价格，等待多名设计师完成设计工作，选择认同的设计并进行修改后在线付款。价格由业主决定，一般比设计论坛里的设计师收费要低。

（3）淘宝。

现代人对淘宝已经不再陌生，可以通过支付宝付款的形式聘请设计师来完成创意。设计成为一项商品在网络上交易，虽然提供图纸与文字说明，但是是一对一服务，能在淘宝网上获得好评与人气的设计师水平相对较高，能有效保证设计品质。

4. 与设计师沟通

在与设计师沟通之前，最好列出所有问题，并按主次排序写在纸上，以防忘记，确保所有问题都能得以解决。

在与设计师交流时，要主动向设计师说明家庭成员的数量、年龄、喜好及特殊要求，最好能邀设计师到实地考察，边看边谈，避免漏掉局部细节。当设计师提出自己的方案时，应该充分考虑其合理性，不宜一味否定，毕竟优秀的设计师经验丰富，会为客户周全考虑，满足主要装饰功能。

←图样、图书、播放器多位一体沟通，能获得良好的信息传递效果。

★ 庭院小贴士

设计收费

专业设计师的作品都是要收费的，也有公司提出"免费设计"。"免费设计"其实是设计公司为获取业务而提出的噱头。在客户没有交纳定金前，设计公司所提供的设计方案只是简单的平面布置图、手绘效果图与工程概算，这类图纸业无实际意义。用于指导施工的主立面图、大样图、三维效果图等均不在此列，而且大多数设计公司不允许客户将图纸带走，只有在交纳预付款后才会提供比较详细的图纸。

目前，庭院设计一般按面积收费，通常是 30 ~ 60 元 /m²，知名公司与自由设计师取费更高，为 80 ~ 120 元 /m² 。

5. 图样绘制

（1）国家制图标准。

独立制图要了解基本的国家制图标准，这是图纸能否交流的关键，形成标准的制图才具有沟通的价值，项目经理、施工员、材料经销商都能读懂才是关键。

1）图线类型。庭院设计图是由形式与宽度不同的图线绘制而成的，要求图面主次分明、形象清晰、易读易懂。用于表示不同内容的线条，其宽度（称为线宽）应相互形成一定的比例。

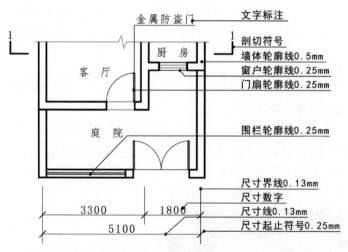

↑国家制图标准中的图线与画法比较复杂，这里列出常用规范，能满足日常设计制图的需求。

———————————————— 特粗线0.7mm

———————————————— 粗线0.5mm

———————————————— 中线0.25mm

———————————————— 细线0.13mm

— — — — — — — 虚线0.13mm

————— - ————— 点划线0.13mm

↑图纸中最大的线宽（粗线）的宽度代号为 b，其取值范围要根据图纸幅面来确定。一般将图线的宽度分为特粗线 $1.4b$、粗线 b、中线 $0.5b$、细线 $0.25b$，以常用的 A4 幅面图纸为例，b 可以选为 0.5mm，那么特粗线为 0.7mm、中线为 0.25mm、细线为 0.13mm。A3 幅面图纸 b 可以选为 0.7mm，其他的图线依此类推。特粗线用于绘制图框界线或户外建筑的地平线，粗线用于绘制墙体轮廓线、符号标记线，中线用于绘制构造轮廓线，细线用于绘制装饰、细部构造、尺寸标注等。

2）图样比例。比例是指图形与实物相对应的线性尺寸之比。比例的大小是指其比值的大小，如1：50就大于1：100。在制图中，比例一般根据图纸的规格与面积大小来确定，采用A4图纸中，绘制120m² 左右的庭院平面图，可以将比例定为1：100；绘制80m² 左右的庭院平面图，可以将比例定为1：50；绘制构造详图，可以将比例定为1：20。比例一般注写在图名右侧，文字排列整齐，比例文字宜比图名文字小些。绘图纸张可以选用普通A4复印纸，准备一副三角尺与橡皮，绘图笔可以选用一支普通铅笔、两支中性书写笔（一粗一细），如果需要修改还可以准备一支彩色圆珠笔。图纸比例可以选用1：100，方便计算。例如，实际测量尺寸为6300mm，那么图上就绘制63mm，能避免计算错误。国家制图标准虽然严格，但是用于庭院设计交流的图纸可以稍显随意，这样能提高制图效率，让业主将主要精力放在创意上。

↑绘图工具：彩色圆珠笔、细中性笔、粗中性笔、铅笔、橡皮、三角尺、复印纸等。

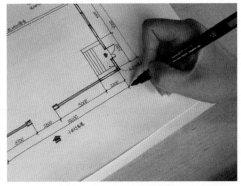

↑绘图时速度要慢，不能急于求成，注意控制比例。

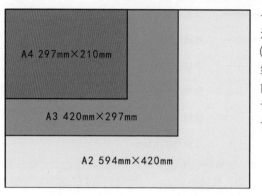

←图纸规格。庭院设计图纸幅面一般不大，通常为 A4（297mm×210mm）或 A3（420mm×297mm）规格，也可以根据所绘制图样的大小来选定图纸的幅面，保证能清晰、准确说明设计思想即可。如果设计对象是面积较大的别墅花园或屋顶花园，也可以选用 A2 图纸（594mm×420mm）。

（2）绘图方法。

庭院设计图纸可以完全徒手绘制，先用铅笔绘制草稿，经过修改后，再用中性笔抄绘到较大的纸上，当然手绘图纸一般不超过A3幅面，否则不方便复印。

1）绘制原始平面图。测量完毕后可以就在庭院现场绘制，使用铅笔画在白纸上即可，线条不必挺直，但是挺远的位置关系要准确，边绘图边标注测量得到的数据，并增加一些遗漏的部位，做到万无一失。很多业主对这个步骤不重视，直接拿着测量数据就离开了，其后在创意设计中就糊涂了，其实现场绘制草图是检查、核对数据的重要步骤，个人的记忆力再好也比不上笔头记录。

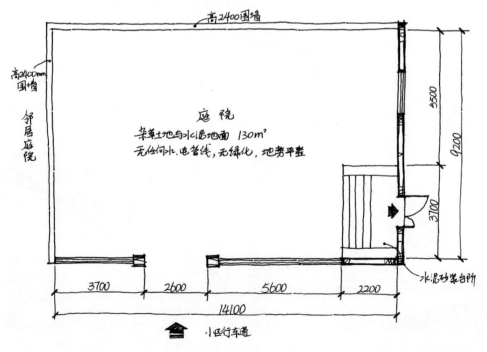

↑原始平面图尽量简洁，绘制完成后复印几份可用来绘制草图。

2）绘制平面布置图。绘制平面布置图之前可以根据装修环境的复杂程度先绘制一张原始平面图，并将它打印出来使用铅笔在上面作初步创意，当布局考虑成熟后再绘制平面布置图。首先，绘制墙体，根据实际测量的草图绘制出建筑墙体轮廓图，并标注尺寸，再次核对后就可以继续绘制。然后，绘制构造，在墙体轮廓上绘制门、窗、排烟管道等的形态，对于开门要画出门开启弧线。接着，绘制绿化植物，普通灌木可以用圆圈表示，高大的乔木不宜绘制出丰富的树叶，只是表示轮廓即可。庭院中的绿化布置不宜太多，否则容易遮挡光线，多以灌木为主即可。最后，标注文字与数据，庭院中的文字应标注在相关区域中心部位，如果没有标注空白，可以用引线引出至图纸外部标注，但是要保持文字整齐。

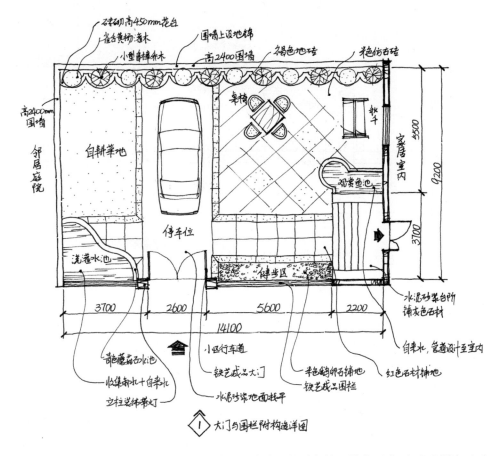

↑平面布置图绘制不能过于随意，应当表现出各主要构造与地面铺装形式，添加引线与文字来说明其中细节内容。

3）绘制构造详图。对于平面布置图中无法表现的立面构造就应该绘制构造详图。可以将平面图中需要绘制构造详图的部位用圆形或方形框选，引出线条标注标号，如1、2、3或A、B、C等，在平面图布置图的空白部位或新图纸上绘制相对应的构造详图。首先，绘制构造详图的主要立面图，即正面图，将结构轮廓绘制清楚。然后，在主要立面图左侧或右侧绘制侧视图，绘制方式基本一致。接着，在立面图下侧绘制构造的顶视图，构造详图的具体内容也可以根据实际情况来选绘。最后，统一标上简单数据与材料。由于构造详图比较复杂，其设计形式多来自与业主拍摄、搜集的图片，可以在此图旁贴上相关照片，说明效果会更好。

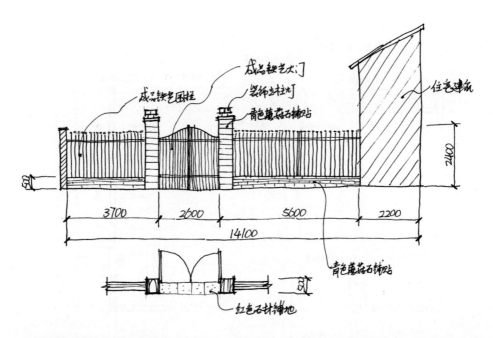

↑构造详图主要用于表现复杂的细部构造，需要标明所有材料名称与施工方法，绘制这类图纸应征求施工员的意见。构造详图的深入程度没有特殊要求，如果对施工结构不了解，可以只绘制外部立面，用文字标明其中细节即可。

4）审核图纸。当全部图纸画好后重新检查一遍，更正错位的图线，删除多余的构造，改正错别字。如果确认无误可以将其重新抄绘一遍，将抄绘工整的图纸复印几份，供不同工种的施工员参考。

6.3 精打细算节省开销: 庭院施工成本核算

高质量的庭院的设计、施工需要花费不少钱,但是合理安排也可以将各种开销降至最低。成本核算是指将庭院布置所需要花费的各种费用统计出来,列出详细表格,经过精确计算后得出具体金额。待后期正式实施时,按照所列表格执行。

成本核算能指导设计、施工进程,给业主明确的向导,不会因为过度超支而造成后续工作难以开展,也不会因为过度节约而达不到预想的效果。

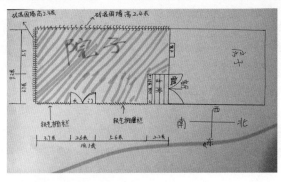

←草图绘制可以十分简陋,
但应标明主要数据。

1. 厘清开销门类

庭院的设计、施工开销门类虽然没有家居室内装修多,但是也比较复杂,可以从多方面来分类,如按布置内容分类、按工程进度分类、按购置成品件分类等。为了方便计算,大多数庭院业主都希望将表格设计得非常细致,那么这里就按布置内容分类,列出各种开销。

(1)设计制图。

这部分主要为庭院的设计费,聘请设计公司或设计师设计庭院,需要一笔开销,这笔开销可多可少。聘请中大型装饰公司或景观公司设计,收费自然不菲,具体金额前面介绍过。单独聘请设计师价格较低,一般为公司收费的50%左右,升值更低。如果业主平时对庭院设计比较了解,也可以自主设计,参考本书绘制平面图与局部构造图,这样就能省下不少费用。

(2)基础改造。

这部分主要包括庭院围栏围墙砌筑、地面整平铺装、建筑墙面装饰、花坛水池制作等项目的开销。基础改造所需材料一般为水泥、砂、水管、电线、各种砖材等基础材料,如果这些材料是室内装修的剩余材料,那么会大幅度节省开销。只是基础施工的人工费较高，大部分费用为施工员的工资。目前，执行这类工程的熟练施工员工资为150～200元/d，在施工过程中还会用到一些机械设备，需要计入一定损耗费与水电费，累计起来会是一笔不小的开销。

↑庭院的效果图多比较简单，主要表现硬件构造。

↑专业的庭院设计制图为一套多，具体数据根据复杂情况来定。

↑地面砖材铺装应该预先放线定位，从中间向四周铺装。

（3）设施构造。

这部分主要是指庭院中购置的成品设施，如定制的大门、围栏、凉亭、雨棚、阳光房、花架、穿廊、秋千、座椅等构造，这些设施往往由厂家根据实际情况量身定制，需要厂家派设计师上门测量，包括设计、选材、施工、运输、安装、维护一条龙服务，价格相对较高，一般面积不大的庭院只会选用其中2～3种定制产品，安装周期短，其费用比例并不大，可以适当选购。设施构造通常与基础改造有很大关联，如购置的铁艺围栏需要安装在砖砌墙基上，围栏上的灯具还需要预埋电线。在成本核算时，这些费用应分类计算，不能混合在一起，否则容易造成漏算或多算，造成导致金额不准。

（4）绿化植物。

这部分主要是指庭院中种植的地被、花卉、灌木、乔木等植物，常规植物单价不高，但是覆盖面积大了会遮挡阳光或滋生蚊虫。目前，在中小型庭院中，多以灌木绿化为主，局部点缀花卉。由于建筑小区内现有不少高大的树木，因此乔木很少引进。花卉市场的绿植售价中多不包含运输、移栽费用，这些需要另行核算，也可以与商家协商，一并让其承包下来，这样会省心不少。

↑不锈钢型材可直可曲，但是容易失去光泽产生少量锈迹。

↑绿化植物多在当地花卉市场选购。

2. 成本核算方法

将上述各种门类开销理清后，可能会令人感到不知所措，下面讲述一些成本核算的方法，让业主不会感到太迷茫。

（1）分析设计方案。

根据原始平面图与现场拍摄的照片，可以得知现有庭院状况比较粗糙，百废待兴，周边墙面需要重修修饰，地面需要除草整平。虽然部分地面是水泥铺装，但是并不平整，需要重新覆盖铺装材料。业主将自己的设计要求与相关资料交给设计师，设计师设计出全新的平面布置图。庭院大门入口为停车位，左侧为自耕菜地，并附带水池。庭院右侧为休闲区，设计有铺装道路、观赏鱼池、绿化景观、娱乐设施等。此外，庭院内需要重新布置水管、电线，安装全新的金属围栏、大门。

↑粗糙的外墙和水泥地面应该重新装修，与周围的植物和小品相衬。

↑庭院设计与材料的选用与建筑相衬。

（2）调查市场价格。

对照标出项目的图纸，逐个调查市场价格。可以到当地装饰材料市场与绿化植物市场询问价格，如果觉得价格合理，可以当场订购，也可以上网查找相关产品、服务的价格，参考网络价格到门店购买。由于庭院设计施工在我国发展周期不长，很多产品、服务的价格并不稳定。

★ 庭院小贴士

不可缺少的其他成本

其他成本是指庭院设计、施工完毕后，在使用过程中的费用，如水池清洁费、喷泉水泵维修费、草坪修建费、绿化植物养护费等。此外，还应预留部分资金用于购置容易忽略的物件，如庭院灯具的灯泡、门锁、水阀门、密封材料、维修工具等。

↑ 240mm 厚准墙体砌筑，双面外贴青色蘑菇石，材料与人工价格为 250 元 /m²。

↑ 香樟树的高度多为 3 ~ 5m，适宜种植在庭院中，价格为 500 元 / 株。

↑ 樟子松防腐木制作的庭院秋千可在园林市场或者大型建筑市场购买，价格为 1000 元 / 套。

（3）整理成本核算。

将调查数据融入图纸中，经过分类计算可得出成本核算价格，可以将其整理成图表的形式方便查阅。这里根据我国华北、华中地区中大型城市市场行情，整理出一套成本核算单，供参考。

庭院设计施工成本一览

序号	庭院项目名称	数量	单价	合价	备注
1	设计制图	2张	300元	300元	自主设计，仅绘图费
2	现有围墙翻新	58m²	20元	1160元	铲平，墙乳胶漆
3	原有土地整平	100m²	5元	500元	人工费与除渣费
4	水池与花台砌筑	18m²	150元	2700元	120mm墙单面贴青石
5	围墙砌筑铺贴蘑菇石	5m²	250元	1250元	240mm墙双面贴青石
6	石材与砖材铺装	78m²	100元	7800元	材料费与人工费
7	水泥砂浆找平停车位	28m²	60元	1680元	材料费与人工费
8	鹅卵石铺装	7m²	80元	560元	材料费与人工费
9	电线布设	30m	15元	450元	电线穿管含配件
10	水管布设	15m	30元	450元	PPR管含配件
11	铁艺大门	9m²	500元	4500元	含安装费
12	铁艺围栏	15m²	400元	6000元	含安装费
13	庭院座椅	1套	800元	800元	含安装费
14	木秋千	1套	1000元	1000元	含安装费
15	立柱装饰灯	2件	200元	400元	含安装费
16	香樟	6株	500元	3000元	含移栽费
17	雀舌黄杨	6株	200元	1200元	含移栽费
18	地锦	23m	10元	230元	含移栽费
19	其他	1项	800元	800元	运输、安装、配件等
20	总计			34 780元	

6.4 厘清工序步骤：施工基本流程

常规的庭院施工一般与室内装修施工同步进行，或紧接着室内装修施工，大多数施工员仍是室内装修施工员。然而，庭院的施工要求更加严格，因为庭院中的大多数施工项目都是干施工，形体构造的可塑难度较大，时刻要防止成品件遭到破坏，同时要求施工准备更加充分。

施工基本流程

庭院施工是建筑装修施工的后续，施工工序不能一概而论，要根据庭院的实际情况、施工工作量、设计图纸来最终确定，但基本框架如此。

例如，面积较小的庭院，但所处位置交通方便，各种材料可以分多次进场；面积较大的庭院，各种材料可以一次进场。又如，庭院地面需大面积铺设花岗岩，则工序可以提前，与建筑室内的厨房、卫生间瓷砖铺贴同步，但是要注意保护。

(a)

(b)

(c)

↑ 庭院施工过程

（1）基础改造。

根据设计图纸拆除部分构造，清除建筑界面上的污垢，对空间进行重新规划调整。重新整理庭院地面，清除不必要的渣土、树木、杂草、设施等，整平庭院地面。在需要种植树木与修筑水池的部位挖好地坑，计算好回填土壤，堆放在旁边，将剩余土壤运输至物业管理公司指定的地点，或平均堆砌在庭院四角。

左：重新整平地面，应该采用细密的土壤覆盖并夯实。

右：对铺装整齐的庭院局部稍加修饰。

水电工程材料进场，在庭院地面、墙面、构造上开槽，铺设给水管路，安装用水设备，如水龙头、水泵等。同时铺设排水管路，安装排水管、排水设备。进行电路布线，给水通电检测，地面土层回填、墙面修补，制作防水层，如涂刷防水涂料、铺贴防水卷材等。

（2）构造砌筑。

瓷砖、天然石材、砖、水泥、砂等材料进场，检查需要防水的部位。使用水泥砂浆与砖砌筑围墙、台阶、水池、立柱、景观等庭院构造，使用水泥砂浆或混凝土找平地面。在各构造表面铺装瓷砖、天然石材，完工养护。

浇筑混凝土时应注意，如果浇筑围墙、立柱、台阶等主要承重构造，混凝土的用量应有保证，当混凝土用量小于等于5m³时，只采取人工调配的方式来制作混凝土；混凝土用量5～20m³时，可以采用搅拌机来调配，当混凝土用量大于等于20m³时，可以考虑购买成品混凝土。砌筑构造施工完毕后应养护7d以上才能进行下一步施工，混凝土构造应养护20d以上才能进行表面装饰。

左：墙体砌筑应该保持平直，基础深度应达到墙体高度的30%左右。

右：花台铺装应选用成品规格型材，避免多次裁切。

（3）饰面铺装。

常见的铺装构造主要包括地面砖石、墙面涂料，以及连带的围栏、木地板、吊脚楼台等。此外，还有一些是购买的成品件，可以直接安装在地面上，这些可待全部施工结束后再安装，如花架、秋千等。

部分铺装构造需要五金配景固定，如木钉、螺钉、膨胀螺栓等，这些配件价格较高，应当仔细计算用量，统一购买。部分构造制作完毕要注意保护，避免在后续施工中损坏。

左：防腐木地板铺装平整，底部应添加型钢支撑。

右：防腐木围栏直线长度不宜过大，应稳固基础。

（4）成品安装。

近年来，金属构造施工逐渐由现场加工制作转化为成品或半成品安装，制作花费时间较长，占用大量庭院施工面积，影响其他工程施工。

成品或半成品构造都在厂房完成后运输至庭院，直接安装即可。如传统铁艺围栏几乎都是在庭院施工现场焊接、涂装，现在多采用锌钢围栏，在承包商的厂房生产，在庭院内只进行安装，效率极高。如果对强度要求不高，还可以采用不锈钢型材，外观显得更加亮丽。但是不锈钢型材在使用工程中，焊接点容易生锈，造成整体效果灰暗。要求具备防盗或抗压功能的不锈钢构造，可以在不锈钢管中穿入型钢钢管，只是成本会更高。

左：不锈钢型材可直可曲，但容易失去光泽。

右：型钢围栏防锈性能较好，但造型变化不多。

（5）绿化植栽。

绿化植栽的品种较多，针对不同地域所植栽的绿化植物也不同，绿化植物进场后应在第一时间植栽至庭院中，如果对植栽品种的成活率表示怀疑，可以参考当地公园、广场、小区绿地的植物，对照选购即可。

绿化植栽应预先挖好地坑，对于非本地移栽品种应根据要求布肥。植物入坑后应填土覆盖完整，盖图应高于常规土层表面，及时浇水养护。高度大于等于2.5m的乔木应采用木龙骨或其他材料制作支架，防止受风后歪斜。绿化植栽是一项漫长的工程，不同植物品种应在不同季节植栽，尤其是观赏花卉更是如此，如果庭院面积不大，可以考虑选用盆栽或带状篱植点缀。

↑树木地坑应预先挖好，深度与直径均应大于移栽树木的土球。

↑新植摘的乔木应采用支架作用短期定型。

↑不同颜色的花卉呈带状篱植具有很强的装饰效果。

6.5 创建良好的施工环境：庭院施工要求

现代庭院的施工内容不多，主要以砌筑、安装为主，施工周期较短，一般均可控制在一个月以内。更多庭院施工与室内装修施工同步，是同一批施工员在操作，这时就要注意区分施工要求了。

↑要特别注意庭院周边的消防栓与地下管道的位置，不能做任何改变。

↑混凝土地面浇筑应该湿水养护 7 天以上。

1. 保证建筑结构安全

庭院施工多在户外进行，很多施工员对拆除、改造工程并不重视，施工动作过大，导致破坏建筑结构安全。因此，在庭院施工中，要特别叮嘱施工员注意保护好现有建筑的完整性。保证建筑的结构安全，不能损坏受力的梁柱、钢筋，不能在混凝土空心楼板上钻孔或安装预埋件，不能在地下室的上表面超负荷集中堆放材料或物品，不能擅自改动建筑主体结构或庭院主要使用功能。

以庭院围墙施工为例，开挖基础之前就应当考查地面土质状况，如果庭院下方是地下室或车库，就不能制作混凝土基础或砖砌基础，避免压塌地面。如果在建筑外墙铺装石材或瓷砖，不能随意在外墙表面凿坑，避免破坏防水层与保温层，即使没有功能构造，也不能用力凿坑，震动会导致墙体结构松散或造成墙面开裂。

↑地面整平应关注地基的类型，有地下空间的庭院不能做大幅度变化。

↑庭院地面整平至周边时，不能破坏混凝土层。

↑公共蓄水池的位置与形态不允许随意变更。

2. 保证施工现场安全文明

保证现场的用电安全，由电路施工员安装、维护、拆除临时施工用电系统，在系统的开关箱中装设漏电保护器，用电线路应避开易燃、易爆物品堆放地，暂停施工时应切断电源。

不能在未做防水层的地面蓄水，临时用水管不能破损、滴漏，暂停施工时应切断水源。控制粉尘、污染物、噪声、震动对邻居与环境干扰。工程垃圾宜密封包装，并放在指定的垃圾堆放地，工程验收前应将施工现场清理干净。

庭院建筑垃圾体量较大，搬运困难，很多业主选择就地掩埋，这对自身居住健康留下很大隐患，如破损的橡胶产品掩埋在庭院内外，会对土壤造成极大污染，影响环境安全与人体健康。庭院外部的绿化、设施、构造不能随意变动、破坏，不能随意变更整个居住小区的环境氛围。

↑公共音箱与电路不允许随意改动。

↑现有排水沟可用钢筋焊接网架与鹅卵石。

↑对于不允许变更的围墙可以用木围栏装饰。

3. 不损坏或妨碍公共设施

庭院位于户外，很多公共设施可能仍然留存在庭院中。在施工中不应对公共设施造成损坏或妨碍，不能擅自拆改消防、燃气、暖气、通信等配套设施，不能影响管道设备的使用或维修，不能堵塞、破坏现有的给排水管道与垃圾道等公共设施，不能损坏所在地的各种公共标识。

施工堆料不能占用建筑小区的公共空间或堵塞紧急出口。施工应避开公开通道、水电管井等市政公用设施，材料搬运中要避免损坏公共设施，如果造成损坏，要及时报告有关部门修复。

4. 材料要保证质量

庭院施工所用材料的品种、规格、性能应符合设计要求及国家现行有关标准的规定。各种材料应按设计要求进行防火、防腐、防蛀处理。

有些材料本身都有一定毒害，如果不关注材料质量，用于户外也会给人体健康带来危害。例如，天然石材都存在放射性，其中氡气有害健康，很多业主认为户外常年通风，不受影响，可是经常开窗的房间仍会受到严重污染。

又如，很多业主在庭院预留耕地种蔬菜，院墙上涂装低档乳胶漆或其他油漆，夏天气温过高，雨水会冲刷墙面，带有涂料的雨水会流到土壤中污染蔬菜。这些都需要认真对待，不能马虎。

↑天然石材不宜大面积用于入户墙地面铺装。　↑墙面褪色会影响绿植的生长。

6.6 施工委托实施细节：寻找施工队

目前，市场上的施工人员主要分为正规劳务制施工员与闲散临时施工员两种。前者固定受聘于公司，作息时间严格，工艺标准统一，设有相应的工种管理人员，但由公司直接控制，如果在工程中的变更方案，尤其是增加工程量都需要层层上报，审批手续繁琐，价格较高。后者俗称"游击队"，是农村闲散劳动力进入城市后形成的社会阶层，工艺水平不一，价格上下浮动较大。业主在选择施工队时应注意。

↑对于马路游击队要谨慎选择。　↑正规的装修团队。　↑专业施工人员能准确的将PP-R管安装在墙面上，方便维修。

1. 组织结构

正规齐全的施工队应配备相应的水工、电工、木工、油漆工、小工（搬运除渣等辅助人员）等，在施工过程中有统一领导、统一技法，定期开会商议工程进度，各工种的大小师傅应配置合理，工期进度稳定。

2. 施工现场

可以对有意向的公司与施工队进行现场考察，与施工员直接对话，了解他们的制作流程与特色工艺。施工现场的卫生是体现施工能力的基本要素，现场应该干净卫生，不许有烟头、垃圾的现象。每天应该对所在工地进行打扫，上班前、午休时、下班时都要对现场进行全面清理，所有的垃圾当日清除出场。所有材料要分类码放整齐，施工现场一般要放置两个灭火器，作为防火安全的措施。

左：每天开工或收工时，施工现场过于凌乱说明施工队素质不高。

右：砌筑构造横平竖直，目测效果应较好。

↑正在施工的庭院外围应干净整洁。

↑灭火器至少要准备两个。

3. 施工技术

施工队的施工技术是最关键的一个环节，对于没有庭院施工经验的业主来说，短时间内掌握大量的施工方法也不现实，但是可以重点看看以下几个方面。

布置电路时，敷电线套管1～1.5m要有一个固定点；管与接线盒的连接处要用锁母，管与管相连接处要用专用接头加胶连接，拐弯处要用围弯器拐大活弯，不要用弯头；每两个接线盒之间的套管拐弯处不许超过两个，套管内空的容量应该小于等于60%，至少留有40%的空间保证所改动的电线能够置换；所使用的导线要分色。

目前，在庭院施工中，泥工的工作较多，就以铺贴墙地砖为例。对墙地面的基础部位进行全面的检查，对不合格的部分要处理到位，然后规整方角、放水平线。固定好各部位的开关、插座的位置。

墙、地砖要适宜庭院温度，要排砖、选砖、充分的浸水后再铺贴。用32.5级水泥与中砂配成水泥砂浆，比例为墙面1：2.5，地面1：3。墙砖阳角一律采用45°，墙面砖要对纹、对色、缝隙2mm，横平竖直，砖缝要用勾缝剂填充饱满结实。

地砖干铺要对地面进行扫毛处理，用1：4水泥砂浆，湿度用手攥能成团，扔地上能散开为宜，铺平后将地砖试铺，最后在背涂灰浆后依次顺序铺贴。地面铺贴要墙压地，墙砖缝与地砖缝最少要两面对直。地漏与地面的坡度为1%为宜。墙地砖对色在2m处观察应不明显，空鼓率应小于5%，平整度采用2m长的水平尺校对，误差为±3mm，砖缝应保持横平竖直。

↑墙面铺装阳角应严密。

↑地面铺装在变化的同时注意平整度。

4. 工具设备

目前，电动化的施工工具逐渐增多，水、电、泥、木、油几个工种的工具都应该配置齐全，这也是高效施工队所必备的基础。

水路工具应当具备打压器、融管器、管钳、涨口器、扳子、切管器、混凝土切割器等。电路工具应当具备万用表、摇表、混凝土切割器、钳子、螺丝刀、改锥、电笔、三项测电仪、围管器、锡焊器等。泥工工具应当具备电锤、测评仪、大铲、橡胶锤、线缀、杠尺、靠尺、抹子、瓦刀、方尺。木工工具应当具备空压机、电锯、电钻、气钉枪、角尺、墨盒、测湿仪、靠尺、全套工具箱等。油饰工具应当具备喷枪、排笔、辊子、搅拌器等。

↑工具箱

↑喷枪

5. 人员素质

施工员的个人素质是参考施工水平的重要因素，其工作态度是否严谨认真、生活作风是否正派等都是保障业主利益的关键。此外，施工人员的专业应变能力也是个人素质的重要组成部分。如果团队成员意见不一致，必然会反映在工程的施工过程中，没有较强的现场设计能力与灵活的现场指挥机制，很难准确地实现业主提出的构思与设想，最易发生纠纷与矛盾。对个人素质的考察除了对以往工程图纸与作品之间差异进行分析外，就是在现场测量与设计交底时作判定，如果在现场测量、设计时能够较好地体现自己的意图，并提出几个方案供选择，其专业能力一定不会有问题。

6.7 责权分明的法律保障：签订工程合同

施工合同是商业行为中最有效的法律依据。签订合同之前应查看公司及施工队的工商营业执照、资质证书、设计图纸、预算报价、材料清单等相关资料，确保该合同真实有效。对上述材料所列举的项目名称、材料、数量、单价、总价、管理费、税金等各项数据核实准确。最好有第三方认证或到该公司的主管机构进行公证，并加盖公章，确保在出现矛盾时能有仲裁与调节的地方。

1. 合同主要内容

工程施工合同的主要内容包括：甲方（发包人即业主）姓名、乙方（承包人即公司或施工队）名称、法人代表、营业执照号、注册地址、委托代理人、设计师、施工队负责人、工程概况、工程监理、工程实施环境及设计图纸、甲方工作、乙方工作、工程变更、材料供应方式、工期延误、质量验收标准、售后服务、工程款支付方式、违约责任及争议解决方式、附则、其他约定事项、各种合同附件（设计图纸、施工工艺流程表、甲乙双方材料供应单、工程变更单、预算报价单、环境污染预评书）等。

（1）图纸的比例。

设计师的设计方案中可能有一个很漂亮的围墙造型，然而现场制作出来后，业主发现与设计相差甚远。其实检查原因，就是设计师没有按照施工图纸来制作效果图，而是将图纸当作美丽的图画来创作。所以，设计图纸必须按照严格的比例来绘制，施工图与效果图要一致。

↑施工后的构造多倾向于简单的几何造型。

↑通过高仿真技术制作出来的小庭院效果图，可以检查设计方案的细微瑕疵和进行项目方案修改。

（2）详细的尺寸。

在施工现场要进行仔细测量，不遗漏图纸中任何尺寸，尤其是一些关键尺寸，如果在设计时没有掌握，有可能在施工时会产生设计与施工脱节的情况。很多公司都在图纸上都标明"如果图纸尺寸与实际尺寸有差异，一切以施工现场为准"等提示。这实际上是在掩饰设计师低劣的业务水平，经过精心测量后所绘制出来的图纸，图面尺寸与现场尺寸相差不会超过20mm，这完全不会影响正常施工，更不用在图纸上声明了。

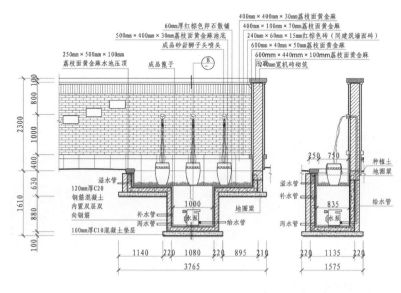

←复杂的构造应绘制出大样图，满足施工员、材料经销商识读。

（3）标注材料工艺。

在设计图纸与预算上应该标注主要材料的名称、规格、品牌，这对于今后施工人员依照图纸施工很有利，大幅度提高了施工效率，可以避免不必要的返工。在施工图纸中标注必要的制作工艺是为了约束施工员在施工过程中偷工减料，保证业主得到一个与合同相符的工程项目，在签订合同之前，一定要求设计师在图纸与预算上标注简单的制作工艺。

★ 庭院小贴士

庭院施工监理

业主如果时间紧张，工作繁忙，可以聘请第三方监理公司或职业监理师对自己的庭院工程进行监理。监理公司会根据业务范围与取费方式，履行以下职责。

（1）审定设计方案与预算报价。完全站在业主的角度严格检查整个合同的细节、预算数据、图纸等，严格控制工程量与材料用量等，为业主提出更妥善的修改方式与意见。

（2）协助业主选择施工队。对施工班组的质量、人员素质与施工工艺进行评估，必要时组织多家公司或施工队竞标，为业主提供优质的施工保障。

（3）保证材料与器械设备的质量及要求。组织材料验收时清查所有型材的品牌标签，登记备案，电话回访查询鉴定真伪等，使优质材料能够真切运用到业主的庭院中。

（4）监督施工过程。对每个细部环节进行验收，监督工人按图纸施工，按标准工艺施工，针对有矛盾的施工方式，代理业主出面与公司协商解决，直至无争议为止。

2. 采购材料验收

在庭院施工过程中，比较常见的材料采购方式是业主自己采购大部分主材，施工单位采购小部分主材与全部辅材。但是，材料采购是一个比较复杂的过程，需要消耗大量的时间与精力，很多业主就将此全部转给工程承包方采购。例如，在合同中本来约定使用某品牌的木芯板，但是在施工时却发现，公司或承包者采购了其他品牌的产品。此外，工地本来计划明天使用墙砖，但是业主还没有决定到哪里去买，这些都会影响工程的进度与质量。因此，在这里需要特别提示，在合同当中应该约定采购材料的种类、品牌、规格、数量、参考价格、供应时间与签收人。

↑ 花岗岩验收应注意边角是否完整。

↑ 地砖验收注意包装是否严密。

↑ 原木主要关注含水率。

↑ 抽样测量墙地各边长尺寸。

3. 工程承包方式

工程的承包方式一般有以下三种。

（1）全包。

全包是指公司或施工队根据客户所提出的施工要求，承担全部工程的设计、材料采购、施工、售后服务等一条龙工程。这种承包方式一般适用于对市场与材料不熟悉的业主，且他们又没有时间及精力去了解这些情况。

在选择这种方式时，应选择知名度较高的公司与设计师，委托其全程督办。签订合同时，应该注明所需各种材料的品牌、规格及售后责权等，工程期间也应抽取时间亲临现场进行检查验收。

（2）包清工。

包清工是指公司及施工队提供设计方案、施工人员与相应设备，而业主自备各种材料的承包方式。这种方式适合对市场及材料比较了解的业主，通过自己的渠道购买到的材料质量可靠，经济实惠。不会因公司或施工队在预算单上漫天要价，将材料以次充好而蒙受损失。不会在工程质量出现问题时，双方责权不分，或部分施工员在施工过程中随意取材下料，造成材料大肆浪费。这些都需要业主在时间与精力上有更多的投入。

目前，大型庭院景观公司业务量广泛，一般不愿意承接没有材料采购利润的工程，而小公司在业务繁忙时也随意聘用"马路游击队"，工程质量最终得不到保证。这种方式一般适用于熟人介绍的施工队，但是一定要有前期案例，业主才有可比性。

↑全包主要是针对庭院内一些比较复杂的构造，施工技术要求过高。

↑包清工是指业主自行购买材料，施工员只负责施工。

（3）包工包辅料。

包工包辅料又称为"大半包"，这是目前市面上采取最多的一种承包方式，由公司或施工方负责提供设计方案、全部工程的辅助材料采购（基础木材、水泥砂石、油漆涂料的基层材料等）、施工人员与操作设备等，而业主负责提供主材，一般是指面材，如防腐木、墙地砖、石材、灯具的订购与安装。

这种方式适用于我国大多数庭院，业主在选购主材时需要消耗相当的时间与精力，但是主材形态单一，识别方便，外加色彩、纹理都需要根据个人喜好来设定，绝大多数业主都乐于这种方式。

←围栏、花坛等构造的施工相对简单，可选择包工包辅料形式。

Chapter 7
庭院改造施工完全图解

识读难度: ★★★★☆

核心概念: 地面、水电、施工、饰面、构造

章节导读: 基础改造是庭院施工的开端,所有施工项目都是从基础改造开始的,基础改造主要内容包括地面土方开挖整平与水电管线布设,如果后续有其他特殊施工,那么在基础改造中还需进一步深入,如砌筑围墙基础、水池基础等,这些都要与土方开挖整平、水电管线布设同步进行。一直以来,墙地面铺装水平都是衡量庭院施工质量的重要参考,很多业主甚至能自己操作。但是现代庭院所用的墙砖体块越来越大,如果不得要领,铺贴起来会很吃力,而且效果也不好。此外,油漆涂料也是现代庭院施工的新宠,能配合铺装施工取得丰富的效果。

↑ 庭院饰面铺装。

7.1 庭院基础先行：土方施工

土方开挖整平主要针对地面荒芜的庭院，重新整理土方塑造新的庭院形象，或是将庭院地面完全找平或是一定起伏、坡度用于造景。土方开挖还能为后期植栽绿化植物打好基础。

1. 土壤特性

土壤特性与土方构造的稳定性、施工方法、工程量、资金投入等有很大的关系，也涉及工程设计、施工技术、施工组织的安排，因此，对土壤特性的了解是非常有必要的。与庭院施工有关的土壤性质包括容重、自然倾斜角、密实度等方面内容。

（1）类型。

想让植物生长良好，就要有好的土壤条件。一般说来，植物应该选择适合的土壤结构。在建房的过程中，原有土壤已经被移走，或被来自其他地方的土层所代替，是不利于植物生长的。在任何一个新庭院中都要准确地检查土壤，如黏土、沙土、淤泥、腐殖质等成分的比例，便于制定土壤改良的方法。如果需要，再进一步了解土壤的微观结构，以便找出最适宜水、气、植物根系的环境。根据土壤类型来选择适宜生长的植物品种。

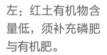
左：红土有机物含量低，须补充磷肥与有机肥。

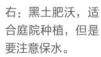
右：黑土肥沃，适合庭院种植，但是要注意保水。

左：将土壤充分溶水后，用 pH 试纸测试酸碱值。

右：翻开土壤仔细观察看颜色是否一致，不一致则说明成分复杂，不能盲目进行施工。

（2）容重。

容重是指单位体积内天然状况下的土壤重量，同等质地条件下，容重小，土壤松散；容重大，土壤坚实。土壤容重的大小直接影响施工的难易程度，容重越大挖掘就越困难。

（3）自然倾斜角。

自然倾斜角是指土壤自然堆积，经沉落稳定后，土壤表面与实际地面之间形成的夹角，也就是土壤的自然倾斜角，它会受到土壤含水量的影响。在庭院坡地设计时，为了使工程稳定，单边的坡度一般不超过30°，保证正常起居活动能顺利进行。

（4）密实度。

密实度是用来表示土壤在填筑后的密实程度。在庭院施工中，为了使土壤的密实度达到设计要求，通常采用人工或者机械夯实的方法来处理。一般情况下采用机械夯实，其密实度可达到95%，人工夯实的密实度在80%左右。当然，在大面积填方时，如堆山，通常不加以夯实，而是借助于土壤的自重慢慢沉落，久而久之可达到一定的密实度。但是要在土壤上建造设施则必须夯实。

←在庭院内堆山要加以夯实，土壤才具有密实度。

2. 土方施工规划

庭院施工最先涉及的工程就是土方，它是根据设计要求对现有土壤进行规划，主要注意以下三点。

（1）地形规划。

通过对地面不同坡度的连续变化处理，可以创造出丰富的地表特征，从而进行空间的初步围合与划分。在进行地形设计时应注意控制场地的最大坡度，不同的土质具有不同的自然倾斜角。地形设计的原则就是以微地形为主，不做大规模的挖湖堆山，这样既可以节约土方的工程量，同时微地形也比较容易与工程的其他部分相协调。

常见的地形规划除了完全平整外，还可以考虑塑造假山，丰富庭院景观项目。或将靠近围墙处的地势加高，通过植栽树木能起到遮挡视线、回避隐私的作用。或将前院地势降低，后院地势升高，能起到采光挡风的作用。这些都需要根据庭院所处的环境来规划。

↑现有的土坡较夯实不建议变更。

↑较高的地形可以构筑观景平台。

←人工地形比较缓和，分布小型
灌木与简单设施。

（2）景观小品规划。

景观小品包括花架、穿廊、雕塑、亭台、水池等，应标出其地面高度及其与周围环境的高差关系，这些构造物若能结合地形而随形就势，就可以在少动土方的前提下，获得最佳观赏效果。

花架、穿廊的地势可以与庭院地面持平，通常建在庭院大门向内的主要通道上方；雕塑、亭台的地势可以升高，能获得较好的观景视线；水池的地势应该稍低，便于雨水汇集、排放，当然游泳池可以适当升高，有利于保洁。

←花架、穿廊地势应与庭院主干
道一样平整。

（3）绿化植栽规划。

植物生长所需的环境，对竖向设计提出了较高要求，可以适当布置水景景观，满足不同植物的生长习性。

在地下水位较高的地方就应该栽植喜水的植物；在地下水较低、较干旱的地方，可以选择耐旱的植物。即使同是水生植物，每一种所要求的适宜深度也不同。例如，荷花的最佳深度是600～800mm，而睡莲的适宜深度则是250～300mm。如果庭院中只植栽小型灌木或花卉，地形可以比较平整；如果庭院中准备植栽大型乔木，地形可以局部增高，保证植栽稳固。

↑水塘地形应当降低能使雨水汇集。

↑荷花是庭院池塘的主要植物，水深600～800mm。

3. 土方施工方法

庭院土方施工过程主要包括挖土、填筑、压实三个方面的内容。

（1）挖土。

挖土施工现场周边要求有合理的边坡，挖土必须垂直向下挖，松土应小于等于0.7m，中等密度土质应小于等于1.3m，坚硬土质应小于等于2m，超过以上数值的，必须设支撑构架。当开挖的土壤含水量大而且不稳定，或较深，或受到周围场地的限制，就需要用较陡的边坡或采取直立开挖方式开挖，且土质较差时，应采用临时支撑加固措施。

施工要有足够的工作面，每人平均4～6m²，应由上而下，逐层进行，不能先挖坡脚或逆坡挖土，以防塌方。不能在危岩、孤石的下边或贴近未加固的危险建筑物下方进行土方挖掘。

（2）填筑。

从最低处开始，由下向上全局分层铺填碾压或夯实。填土应预留一定的下沉高度，以备在行车、堆重物或干湿交替等自然因素作用下，土体逐渐沉落密实。一般庭院施工，常用铁铲、耙、锄等工具进行回填土，从场地最低部分开始，由一端向另一端自下而上地分层铺填。每层先虚铺一层土，厚约300mm，然后夯实，当有深浅坑相连时，应先铺深坑，与浅坑填平后再全面分层填夯。

↑挖土应逐层向下，每层深度为300mm左右。

↑挖土后形成的土坡应用铁丝网覆盖，防止滑坡。

（3）压实。

压实土壤必须均匀地分层进行，压实松土时应先轻后重，压实工作应从边缘开始逐渐向中心收拢，否则边缘土方外挤容易引起土壤塌方。夯实又分为人工夯实与机械夯实两种方法。

人工夯实施工应在人工打夯之前，先将填土初步整平，坑基回填应尽量平均。人工夯实时，沙质土的虚铺厚度每层应小于等于300mm，黏性土每层应小于等于200mm。用打夯机械夯实时，每层填土厚度应小于等于300mm，打夯之前也要对填土作初步平整，依次夯打，均匀分布。

↑填筑土壤应尽量压实，堆砌高度比其他地面略高。

↑最简单的夯实方法是垫上纸箱反复踩压。

★庭院小贴士

土方工程量计算

计算土方体积的方法很多，常用的方法为估算法与断面法两种。

（1）估算法。通过简单测量开挖面积或评估开挖深度后，经过乘积得到基本数据，它能为后期施工奠定基础，使施工员与业主对此有初步认识。

（2）平均截面法。通常在庭院两端各截取一个垂直于庭院中心线的横断面，将横断面面积平均后，乘以截断线之间的直线距离，截断线之间的距离一般为1～10m。

7.2 坚固耐用的保障：地面基础施工

地面基础施工是指隐蔽在地下的墙、柱体延伸构造施工，常见的围墙、水池、假山、亭台等构造都需要预先制作基础。由于基础与土壤直接接触，能承载庭院构造的重量，因此地面基础的质量是关键，直接影响庭院构造的整体安全性能。

↑每层砖块砌筑都应放线定位，按线施工。

↑混凝土立柱基础可垂直至整个立柱高度方便后期装饰施工。

1. 放线定位

地面基础施工要进行放线定位，将图纸上设计的图样按实际尺寸在地面上做测量，并标出基础的位置、尺寸与形状。主要内容包括水平定位与标高定位两个方面。

首先，在定位之前要仔细阅读设计图纸，辨清建筑所在位置，各种构造的地面基础位置都不能超越庭院的外墙界限。

然后，以外墙轴线的交点为依据，用尼龙线拉紧标识，再用白色石灰洒在参考线上，做醒目标识。

接着，观察周边环境，如周边建筑、河道、水沟的地面高度，推测出 ± 0.000 标高，误差不能超过 ± 10mm。

最后，根据 ± 0.000 标高用水平仪与水平尺标出其他构造的标高位置，并做好标记。

↑沿着线绳洒石灰做标记，方便进一步挖土定位。

↑将普通线绳拉直固定，用卷尺辅助测量。

2. 土方开挖

基础定位后要检查两遍，符合设计尺寸才能进行土方开挖。一般采用人工开挖或机械开挖两种方式。使用机械开挖时，仍需要人工修理槽壁与槽底。土方开挖前先将周边垃圾、树根、线路清除干净。如果地下水位较高，应降低地下水位（如抽水或布设排水管）后再开挖。

（1）人工开挖。

人工开挖基础土方时一般为多人操作，每两人的间距应大于3m，每人工作面应大于6m²。挖土应由上而下、分层分段进行，不能先挖坡脚或逆向挖土。

开挖时，应沿白灰线进行，并将白灰线的边缘挖除，要保证槽宽或坑宽。当基坑开挖深度大于等于1.2m时，应按土质状况与槽深保留约5%坡度，无坡度则应设临时支架保证壁土不向下坠落。

（2）机械开挖。

机械开挖适用于面积较大的庭院，或准备在庭院中制作假山。基槽要严格控制好开挖深度，机械不能碾压松软的土壤或输电线路，在施工过程中应随时检查平面位置、标高、坡度、地下水位等情况。

开挖土方时每边应比设计的槽宽多开挖200mm，便于后续人工施工。开挖结束后要用铅垂线与水平仪检查坑基的深度与宽度。开挖的坑槽允许标高偏差±50mm，表面平整度偏差±20mm，可用水平仪或2m水平尺测量。

↑挖土深度应均衡，不能忽高忽低。

↑集水井深度一般为2m，面积为1.5m即可。

←小型挖机租赁价格不高，适用于大面积挖土。

3. 基础施工

基础施工主要有砖石砌体与钢筋混凝土构造两种方式。

（1）砖石砌体基础。

砖石砌体基础主要采用砖块或石块砌筑而成，结构抗压性能好，成本低廉，施工简单，适用于地基坚实、均匀、上部荷载较小基础施工。砖基础一般采用水泥砂浆或混合砂浆砌筑，要保证砖的接槎正确。

首先，对基础垫层进行检查，并清除表面上的杂物与浮土。

然后，进行放线定位并配置1：3水泥砂浆，当基础的长度、宽度均小于等于30m时，允许偏差为±5mm。

接着，开始砌筑，对砖进行湿水，湿水应在砌筑前1d进行，不能采用干砖砌筑，也不能使用含水饱和的砖砌筑。

最后，砌完砖基础应及时做防潮层，基础砌筑完工后要及时将双侧回填并夯实，要防止雨水渗入基槽中。

←砖石砌体基础应调配水泥砂浆。

↑上、下层砖块应交错。

↑压制水泥砂浆力度应平稳，及时清理缝隙中挤出的砂浆。

（2）钢筋混凝土基础。

独立基础是立柱下部基础的基本形式，当柱子的荷载偏心矩不大时常用方形，当偏心矩较大时则用矩形。钢筋混凝土部分由垫层与柱基组成，垫层比柱基每边宽100mm。

首先，安装基础浇筑模板，基础顶面每边应比柱子边缘宽出50mm，便于柱模板的安装。

然后，开始配筋，钢筋沿宽度方向布置，钢筋之间的间距为100~200mm，钢筋12mm，基础混凝土的强度等级为C20。在浇筑混凝土垫层前，应重新检查基槽与标高尺寸，挖除松软土层，用灰土或砂砾石回填。

接着，立即浇筑厚150mm的C15混凝垫层土，将预先绑扎的钢筋骨架放置到模板中，混凝土宜分段分层连接浇筑。

最后，使用振捣棒捣实，外露部分应覆盖或浇水养护7d。

↑ 最简易的搅拌机加工出质量稳定的混凝土。

↑ 混凝土浇筑应均衡，避免产生过大孔洞或气泡。

↑ 基础施工完成后可继续制作混凝土立柱，钢筋搭建完成后再将外部围合胶合板。

4. 土方回填

（1）基底处理。

清除基础底部草皮与垃圾，拔出树根，清除坑穴内的积水、淤泥、杂物等，并应分层回填夯实。当基底为耕植土或松土时，应将基底碾压密实后再回填。如果回填时地坑中有积水，应根据实际情况采用排干或通过抛填石块、矿渣等方法进行处理。当基底的土为软土时，可采用换土或抛石挤淤等方法，如果软土层厚度较大，应采用砂垫层、砂桩等方法进行加固。

↑ 清除树苗。

↑ 回填土，基础两侧应尽量夯实。

（2）回填材料。

采用的回填土应为黏土，不应采用地表的耕植土、淤泥、膨胀土及杂填土。基底为灰土时，土料应尽量采用地基槽中挖出的土。凡有机质含量不大的黏土都可以作为回填土料，但土块的颗粒应小于等于50mm，土块较大时应过筛筛除。拌制3：7灰土的石灰必须完全消解后才能使用，粒径应小于等于5mm，与黏土均匀拌和后铺在地基坑槽内。碎石可以铺撒在最上层填补土壤缝隙。

↑ 表面如有承载重物要求，可以铺撒碎石。

↑ 体量较大的土块不能用于回填。

↑ 表面如需铺装砖材、石材，还需填补水泥砂浆。

（3）回填施工。

回填时应严格控制铺土的厚度，已填好的土如果浸水，应将稀泥铲除后才能进行压实。冬季回填土方时，每层铺设厚度应比常温施工时减少25%，粒径应小于100mm，注意不能有冻土块。填方全部完成后，表面应进行弹线找平，超高的部分应铲除，不足的部分应填补。

回填后要经过夯实，多采用打夯机施工，预先应对所铺的基土进行初步平整，打夯机应均匀分布，不留间隔，操作速度不宜太快，要随着夯的惯性逐渐向前，不能产生漏夯。到达边角位置时，要夯击基础边沿，然后退回再转弯，夯压的遍数一般应达5遍。夯实后立即修整表面，表面应无虚土，以坚实，发黑，发亮为佳。经过回填、夯实后，槽坑表面的平整度偏差允许为±30mm。

↑地面回填后表面可以铺装砂，便于后期种植绿化植物，能与种植土混合成较松疏的种植土层。

↑回填夯实后才能继续铺装地面材料，体量较大的铺装材料基础要铺装混凝土。

★ 庭院小贴士

庭院砌筑要点

基础表面特别干燥可适量洒水湿润。检查垫层的铺设质量、标高、位置及轴线。如果垫层低于设计标高20mm以上时，须用C20细石混凝土进行找平，不能用黏土或其他建筑垃圾作为找平材料。拌制砂浆最好采用搅拌机，不宜人工拌料。拌料前须筛除砂中的泥块与其他杂物。向搅拌机内投料的顺序为砂、水泥或掺和料，最后加水，搅拌时间须大于等于3min。

砌筑时，必须里外搭槎，上下横竖缝至少错开25%的砖长。砖基础的水平灰缝厚度和竖向灰缝宽度应控制在10mm左右，灰缝中砂浆应饱满。水平灰缝的砂浆饱满度应大于等于90%，不得出现透明缝、瞎缝、假缝，不能用水冲浆灌缝。铺设防潮层前，应将墙顶面的未稳固的活动砖重新砌牢，清扫干净后浇水湿润，并应找出防潮层的上标高面，保证铺设厚度。在水泥砂浆中添加3%～5%防水剂即可调配出防潮砂浆，防潮层下面的3皮砖砌筑时要满铺满挤，水平灰缝与竖向灰缝要饱满。

7.3 安全施工技术要点：水电路布设

1. 水路布设

如果在庭院中希望制作各种水池景观，那么就要进行水路布设施工。

↑庭院中的饮用水可以选用不锈钢管，穿墙或者埋地时可套用 PVC 管。

↑防水施工前应将防水界面湿润，使其更有吸附力。

（1）水源。

传统的庭院用水主要包括高山雪水、地下水、地表水与收集起来的雨水。现代都市庭院主要采用自来水，在供水紧张的中小城镇与农村，也可以选用地下井水或天然池塘水。在很多地区，地下水是最大的饮用水水源。在建筑旁过度开采可能导致土地下陷，影响建筑结构安全。

设计给水时，应该预先获得区域资料。通过不同用水类型、用水量等数据来设计庭院供水的方案。庭院设计必须先确定用水量，要考虑区域内以及使用同一水源周边地区的用水增长情况。除了日常生活用水外，消防用水、灌溉用水等其他用水也应同步考虑。水压也是供水设计的重要参考因素，常见的自来水供水水压为0.3~0.5MPa，上限值一般小于0.6MPa。现在不少区域的庭院用水采取统一供应的方式，如果对水压不了解，最好在总水阀后安装一个水压表，以随时掌握水压状况。

普通自来水价格昂贵，特别是在炎热干燥的地区，只要可行，都应该考虑利用自然水来做灌溉用水与观赏水景用水。现代环保的庭院用水还可以采用收集起来的雨水，收集的雨水要经过过滤净化，在庭院中需要增加导流渠、水泵、过滤设备、储水箱等设施，虽然增加了成本，但是这种环保思想可以成为一种现代庭院的创新精神，这些设备也是庭院的重要组成部分。

↑天然池塘能收集雨水与地下水，但不能作为主要的灌溉水源。

↑自来水使用方便，但是价格较高，仅适用于小面积浇灌。

　　（2）管线施工方法。

　　首先，了解水路设计构造，认真识别管线的平面布局、管段的节点位置、不同管段的管径、管低标高以及其他设施的位置等，辨别有碍管线施工的设施与建筑垃圾。

　　然后，根据管线的平面布局，利用相对坐标与参照物，将管线的节点放在场地上，连接相邻的节点即可。抽沟挖槽时要根据给水管的管径确定挖沟的宽度。水管一般可以直接埋在天然地基上，不需要作基础处理，遇到承载力达不到要求的地基土层，应用垫砂作加固处理。

　　接着，准备好安装所需的材料，如管材、安装工具、管件、附件等，计算相邻节点之间需要管材与各种管件的数量，安装顺序一般是先干管，后支管，再立管。

　　最后，通水检验管道渗漏情况并填土，填土前用砂土或石材填实管底与固定管道，不能使水管悬空或移动，防止填埋过程中压坏管道。具有装饰形体的水景构造要能完全遮掩住内部管线。

↑仔细测量管道转角部位所需的尺寸，便于裁切下料。

↑用粉笔或石灰做标记定位。

↑PVC管安装完毕后应用水泥砂浆固定。

　　（3）施工要点。

　　1）根据管路改造设计要求，将穿墙孔洞的中心位置用十字线标记在墙面上，用电锤打洞孔，洞孔中心线应与穿墙管道中心线吻合，洞孔应平直。安装前还要清理管道内部，保证管内清洁无杂物。

2）给水管施工多采用PP-R管，通过热熔焊接的方式连接管道，连接后的管道尽量沿着墙壁布设注意接口质量，同时找准各管件端头的位置与朝向，以确保安装后连接各用水设备的位置正确。管线安装完毕，应清理管路。

3）水路走线开槽应该保证暗埋的管道在墙内、地面内，完工后不应外露。开槽注意要大于管径20mm，管道试压合格后墙槽应用1：3水泥砂浆填补密实。管道敷设应横平竖直，管卡位置及管道坡度均应符合规范要求。各类阀门的安装位置应正确且平正，便于使用与维修，并整齐美观。

4）管道交错时应采用专用管件连接错开，我国北方地区为了防止管道冻结，可在外部套接聚乙烯保温管。明装给水管道的管径一般都为15～20mm。管径为20mm及以下给水管道固定管卡设置的位置应在转角、小水表、水龙头、三角阀及管道终端的100mm处。管道暗敷在墙内或土层中，均应在试压合格后做好隐蔽工程验收记录工作。

5）给水管道安装完成后应进行水压试验，给水管道试验压力应大于等于0.6MPa。此外，庭院中的饮用水管可选用不锈钢管，缩涨性更好，不受环境温度影响，更环保更安全，在连接不锈钢水管时，应采用专用法兰接头固定。

↑管道交错部位可采用专用管件连接。

↑庭院管道外部可选用聚乙烯保温套，防治冻结。

←管道连接完毕后使用打压器测试。

（4）防水施工。

给排水管道都安装完毕后，就需要开展防水施工。所有庭院建筑外墙、入户花园、平台地面都有防水层，但是所用的防水材料不确定，防水施工质量不明确。而新构筑的水池、阳光房等就需要重新制作防水层了，即使在施工中没有破坏原有的防水层，也应该重新施工。

首先，要保证水池等基础底面必须平整、牢固、干净、无明水，如有凹凸不平及裂缝必须抹平，对各界面润湿。

然后，选用优质防水涂料按规定比例准确调配，对地面、墙面分层涂覆。根据不同类型防水涂料，一般须涂刷2～3遍，涂层应均匀，间隔时间大于12h，以干而不粘为准，厚度为1mm左右。

最后，须经过认真检查，涂层不能有裂缝、翘边、鼓泡、分层等现象。使用素水泥浆将整个防水层涂刷一遍，待水泥干燥后，必须再采取封闭灌水的方式，进行检渗漏实验，如果24h后检测无渗漏，方可继续施工。

施工要点。防水涂料施工简单，面积较大的庭院还可以采用防水卷材，多采用火焰加温焊接。除了地面满涂外，墙面、构造的防水层高度要达到300mm。与室内相邻的墙面，防水涂料的高度也要比室内地面高出300mm。如果经济条件允许，防水层最好都能做到整个构造的顶面，保证潮气不散到外部，做完防水一定要做闭水试验。

↑沥青防水涂料应刮平整。

↑地面防水完工后要进行湿水测试。

★庭院小贴士

防水卷材与防水涂料施工

采用防水卷材施工效果稳定，但是成本较高，可在面积较大的庭院地面、水塘防水中使用。采用防水涂料施工效率较高，成本较低，但是受环境变化影响较大，保养不到位很容易渗漏，适用于小面积构造防水填补，如墙地面转角、阳光房屋顶、小型水池等。

2.电路布设

庭院中多会安装灯具用于照明，对于功能齐全的庭院还会预留插座，或安装水泵等电器设备。这时，电路布设就会遍布整个庭院，全部线路都隐藏在顶、墙、地面及构造中，需要严格施工。

↑预先埋设穿线管的庭院，可以使用穿管器穿线。

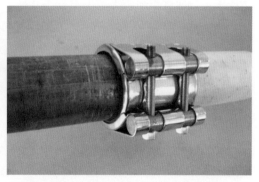

↑不同材料的管道衔接时用法兰接头固定。

（1）施工方法。

首先，根据完整的电路施工图现场草拟布线图，使用墨线盒弹线定位，用记号笔在墙面上标出线路终端插座、开关面板的位置。对照图纸检查是否有遗漏。

然后，在顶、墙、地面开线槽，线槽宽度及数量根据设计要求来定。埋设暗盒及敷设PVC管或镀锌钢管，将单股线穿入管中。

接着，安装庭院电路专用空气开关、各种开关插座面板、灯具，并通电检测。

最后，根据现场实际施工状况完成电路布线图，备案并复印交给下一工序的施工员。

↑接线暗盒内的电线应收纳整齐。

↑庭院用电应单独连接专用的空气开关

↑电路暗盒不宜与水管接头距离过近。

（2）施工要点。

1）设计布线时，执行横平竖直，避免交叉，美观实用的原则。使用挖坑、开槽时深度应当一致。主电路管线可埋在土层下，密封严实，入户庭院的管线可直接摆放在地面，用线卡固定。

2）建筑室内应单独设有电箱，配电箱内应设置独立的漏电保护器，分数路经过控开后，分别控制照明、插座等。应当分出一路电线专供庭院，并在庭院墙面另设空开控制电源，电线连接应严密，不留任何缝隙。

3）庭院的电器设备工作电流应与终端电器的最大工作电流相匹配，一般情况下，照明10A，插座与动力设备16A。

↑ 主电路管线埋在地下要用中砂平稳垫底。

↑ 分支电路光线可分为多个 PVC 管穿线。

↑ 电线的接头呈螺旋状。

4）施工中所使用的电源线截面积应满足用电设备的最大输出功率，一般情况下，照明1.5mm²，插座与动力设备2.5mm²，少数设备可以选用4mm²。

5）庭院地面布线应采用加强型PVC管或镀锌钢管，墙面布线可采用普通PVC管，环境潮湿且山石较多的庭院应选用镀锌钢管，护套线布设在地面也应采用穿线管。

6）各种管材应用管卡固定，接头均用配套产品，用PVC胶水粘牢，弯头均用弹簧弯曲构件，镀锌钢管应用螺纹接头。

7）暗盒、拉线盒与穿线管都要用螺钉固定。穿线管安装好后，统一穿电线，同一回路的电线应穿入同一根管内，但管内总根数应小于等于8根，电线总截面积（包括绝缘外皮）不应超过管内截面积的40%。穿线管一般应采用20mm的产品。

↑ 电工胶布的颜色应与电线颜色保持一致。

↑ 对于环境恶劣的户外可选用镀锌管穿线。

总之，庭院线路布设原则是密封、坚硬、简洁、安全。要提升施工质量，选用优质材料只是一方面因素，更重要的是讲究施工技术，不能直接套用室内装修的操作模式，应在现有实际情况下创新方法。

★ 庭院小贴士

庭院浇灌

常规浇灌可以在庭院中设计蓄水池为人工浇灌，蓄水池深度应小于等于400mm，既可以采用自来水，还可以收集雨水。复合软管可以连接固定水阀，移动灵活方便，是庭院浇灌的首选。面积稍大的庭院绿地可以设计浇灌水路，从而替代传统的人工拖管浇灌，这在很大程度上降低了庭院绿地的保养成本，同时降低了劳动强度，提高了庭院档次。

至于自动浇灌装置制作成本较高，并需要进行定期保养、维护，一般只适合面积较大的别墅庭院或屋顶花园，尤其适合浇灌大面积草坪与灌木。

7.4 追求功能完美：庭院构造制作

1. 墙体围栏

（1）挡土墙。

挡土墙是指支撑路基填土或山坡土体，防止填土或土体变形失稳的构造物。根据挡土墙的设置位置不同，分为路肩墙、路堤墙、路堑墙和山坡墙等。

设置在路堤边坡的挡土墙称为路堤墙；墙顶位于路肩的挡土墙称为路肩墙；设置于路堑边坡的挡土墙称为路堑墙；设置于山坡上，支撑山坡上可能坍塌的覆盖层土体或破碎岩层的挡土墙称为山坡墙。

真正意义上的挡土墙一般出现在临山的别墅庭院中，如果有设计要求，在小型庭院中也可以将挡土墙做成装饰构造，无需真实的山体作依托。

挡土墙除必须满足庭院侧面构造的要求外，还应该突出它"美化空间"的外在形式，通过必要的设计手法，打破挡土墙界面僵化、生硬的表情，巧妙地安排界面形态，利用环境中各种有利条件，挖掘其内在美，设计建造出满足功能、美化环境、有意味的墙体形式。

↑高度较大的挡土墙先用混凝土浇筑，再按次序铺装花岗岩石板。

↑用于遮挡庭院土壤的低矮挡土墙可以镶贴各色石板，石板最好做些简单裁切。

←低矮花坛的挡土墙可用边角石板砌筑，花坛内侧施加水泥，外部露出缝隙。

★ **庭院小贴士**

围墙和围栏高度

围墙和围栏是现代庭院必备的构造，这类屏障有助于界定围合空间、遮挡场地外的负面特征，庭院的围墙通常高 1 ~ 2m，但也有高达 2.4m 以上的。

（2）砖墙。

砖块是常用的砌合材料，墙头可以用轻质砖、预制混凝土或其他材料。围墙需要连续的基座，一般为现浇钢筋混凝土结构，墙体就是在此基座上建造的，许多规范要求非承重墙的基座两侧至少比墙宽出150mm。基座是承载重心，厚度不应小于250mm，宽度不小于400mm，根据场地情况需要铺设两条连续的钢筋。

砖墙为非承重墙，它只承受其本身的重量及侧面的风压，根据高度和宽度进行加固，日常的嵌填勾缝和粉刷是长期维护的重要方法。

砖墙砌筑是指采用各种砖、砌块，配合水泥砂浆砌筑的结构形体，如围墙、立柱、花台、台阶、水池等结构基础。这类施工多由施工员完成，劳动强度大，施工周期长，在施工过程中，业主要时刻关注施工进度与质量，严谨的施工工艺是关键。

墙体砌筑包括砖墙、混凝土砌块墙。砖墙的普及率最广，因为砖的体量较小，质地稳定，便于运输、施工。混凝土砌块的形体较大，自重较轻，是目前大型庭院的主要砌筑用材，正逐步取代普通砖。其施工方法大同小异。

↑保留砖墙的缝隙能提高墙体的沧桑感。

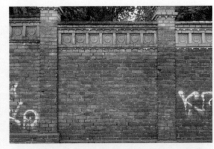

↑整齐的砖墙也具有审美价值，适合中式古典风格的庭院。裸露的砖墙适合较传统的庭院，接缝须整齐一致，也可以铺贴劈离砖来替代。

砖墙是庭院的主要构件，具有承重、围护、分隔、装饰等作用。砖墙砌筑是指将普通砖使用水泥砂浆按顺序成组砌筑。

我国庭院的砖墙主要采用各种砖块砌筑，砖墙的厚度应根据墙体的承重、功能、强度与稳定性来确定，并且还要与砖、砌块的规格相适应。一般情况下，花台、水池围合墙体厚度为120、180mm，庭院围墙厚度有500、370、240mm，其中240mm的厚度最为常用。

砌筑名称方法

序号	名称	图例	砌筑方法
1	全顺砖砌法	顺砖	此法又称为条砌法，即每皮砖全部采取顺砖砌筑，且上、下皮之间的竖缝错开50%砖长，仅适用于厚120mm的单墙砌筑
2	一顺砖一丁砖砌法	顺砖　丁砖	此法又称为满条砌法，即1皮砖全部为顺砖与1皮砖全部为丁砖相间隔砌筑的方法，上、下皮之间的竖缝均应相互错开25%砖长
3	梅花丁砖砌法	顺砖　丁砖	此法在每皮中均采用丁砖与顺砖间隔砌成，上皮丁砖放置在下皮顺砖中央，两皮之间竖缝相互错开25%砖长，这种砌筑方法的灰缝整齐，结构的整体性好，多用于清水墙砌筑，外观平整
4	三顺砖一丁砖砌法	顺砖　丁砖	此法连续3皮中全部采用顺砖与另一皮全为丁砖上、下相间隔的砌筑方法，上、下相邻两皮顺砖竖缝错开50%砖长，顺砖与丁砖间竖缝错开25%砖长
5	两平砖一侧砖砌法	顺砖　侧砖	此法是先砌2皮平砖，再立砌1皮侧砖，平砌砖均为顺砖，上、下皮竖缝相互错开50%砖长，平砌与侧砌砖皮间错开25%砖长

（3）混凝土砌块墙。

这类围墙使用的材料除混凝土外，还包括各种混凝土砌块。水泥砌块墙及砖墙的装饰形体是通过砖的式样、质地、细部的清晰度及其产生的阴影来实现的。混凝土墙制作成本比较高，一般很少用于小型庭院。

←混凝土墙可以轻松构筑各种造型，比较稳固结实，可以用于支撑游泳池或地台侧壁，但是制作成本较高。

1）砌筑准备。墙底部宜现浇混凝土地台，高度应大于等于300mm。尽量减少砌块现场切锯的工作量，避免浪费。在砌筑前一天对砌块进行湿水，砌块的含水率应小于等于25%，砌体含水深度以表层8mm为宜。在炎热干燥天气施工可适当洒水后再砌筑，砖体各面均应均匀洒水，雨天施工要采取防雨措施，不能使用被雨水湿透的砌块，砌筑前均应进行砌块排列设计。蒸压加气混凝土砌块不应与其他块材混砌。

2）放线定位。施工前应将基础面或楼层结构面按标高找平，并放出墙体边线、洞口线等并仔细检查。然后在墙角处设置皮数杆，皮数杆间距为8m左右，相对两皮数杆之间拉水平线，依线砌筑。

3）砌块砌筑。普通小型混凝土砌块不宜浇水湿润，如果天气特别干燥炎热，可提前洒水湿润。墙体砌筑应从外墙转角处开始，砌1皮校正1皮，严格参照水平线控制砌体高度与墙面平整度。在基础顶面砌筑第一皮砌块时，砂浆应满铺。砌块墙内不能混砌黏土砖或其他墙体材料，砌筑形式应每皮顺砌，上、下皮小砌块应对孔，竖缝应相互交错50%砌块长度。砌筑砂浆应随铺随砌，砌体灰缝应横平竖直，饱满度应大于等于90%。

↑混凝土砌块也应该放线定位，间隔3～4m应设构造柱。

↑每砌筑一层就要放线定位，水泥砂浆涂抹应饱和，至少将边缘完全涂抹。

↑摆放砌块时应与下层错开，垂直面应保持平整。

4）拉结钢筋。砌块墙与混凝土柱的交接处应在水平灰缝内预埋拉结钢筋。拉结钢筋沿墙或柱高设置，厚200mm的外墙每层楼应设置4道拉结筋，每道拉结筋为2根 6mm的钢筋，在高度上间隔600mm设置1道。其中1道在外墙窗台板处，并预留100mm高度后，浇C20混凝土现浇窗台卧梁，伸入墙内150mm，1道在墙体顶部。厚200mm的内墙每层楼应设置3道，每道2根6mm的钢筋，在高度上间隔700～800mm设置1道。厚100mm的内墙每层楼应设置3道拉结筋，每道1根 6mm的钢筋，在高度上间隔700～800mm设置1道。

5）砌筑砂浆。当气温大于30°时，一次铺浆的长度应小于等于600mm，浆铺后应立即放置砌块，并应一次摆正找平。砌体灰缝应控制在8～12mm。如有水平拉结筋时，灰缝厚度应为15mm。灰缝砂浆应饱满，均匀密实，横平竖直。竖向灰缝应在内外使用临时夹板夹住后灌缝，其宽度应小于等于20mm，水平缝饱满度应大于90%，竖缝饱满度应大于80%。

↑砌块造型有利于相互咬合，强化结构。

↑钢筋选用 ϕ 6mm，用于转角处预埋。

←从边缘向内部摊铺水泥砂浆，构造柱部位应多用水泥砂浆。

6）细部处理。砌体的转角处砌块应相互搭砌错缝，上、下皮搭接长度应超过砌块长度的30%，且应大于等于150mm。砌体转角与交接处的各方向砌体应同时砌筑，对不能同时砌筑而又必须留置的临时间断处，应留置斜槎。接槎时要先清理基面、浇适度水润湿，然后铺浆接砌，并做到灰缝饱满。墙体长度超过5m时要加构造柱，高度超过4m时须加构造圈梁。

7）芯柱施工。芯柱是指砌筑空心混凝土砌块时，将混凝土砌块的空心部分插入钢筋后，再灌入混凝土，使之成为钢筋混凝土柱的结构形式。浇筑芯柱混凝土时必须连续浇灌并分层捣实，一直浇筑至离该芯柱最上皮小砌块顶面50mm止，不能留施工缝。分层施工厚度在400～600mm，宜选用微型插入式振捣棒将空气捣出。芯柱钢筋应采用带肋钢筋，并从上向下穿入芯柱孔洞，通过清扫口与基础圈梁、层间圈梁伸出的插筋绑扎搭接，搭接长度应为钢筋直径的50倍。浇筑完毕后应及时清扫芯柱孔洞内壁及芯柱孔道内掉落的砂浆等杂物。

8）墙面抹灰。建筑外墙抹灰必须待屋面工程全部完工后进行，抹灰前墙面不宜洒水，天气炎热干燥时，可在操作前1～2h内适度喷水。墙面抹灰应分层进行，总厚度应在20mm以内。

9）保养防护。小型混凝土砌块墙的砌筑高度应小于等于1.4m，停砌时应在最高1皮砖上压1层浮砖，第2天继续施工时再将其取走。雨天不宜砌筑，砌筑好的墙体尽量避免雨水直接冲淋。周边混凝土养护浇水时，须避免养护水浇到砌体上面，加气混凝土砌块墙不能作为脚手架的支撑点。

↑构造柱上下层应交错摆放。

↑将标准砖均匀整齐地填塞进去。

↑接缝间距应为1块标准砖，并摊铺水泥砂浆。

↑砌筑完成后两面抹灰平整，湿水养护。

（4）毛石面墙。

毛石面墙是以混凝土墙为基础，表面铺以石料的围墙，表面多饰花岗岩，也有以铁平石、青石作不规则砌筑。此外，还有以石料窄面砌筑的竖砌围墙，以不同色彩、不同表面处理的石料，构筑出形式、风格各异的围墙。根据使用强度和高度不同，石墙可以干垒或用灰砌。

↑干垒石墙是石面墙的一种灵活做法，能够尝试不同摆法，且无须延伸到冻土线下的地基或基座。

↑灰砌石墙要有连续的基座才会更结实，如果建筑更高的石墙可以由两侧垒起，内填碎石或用大石块跨越将两侧连在一起，它的构造要点是每 $1m^2$ 的墙面至少放置一块连接石。

毛石墙砌筑一般采用交错砌法，灰缝不规则，可对石材作适当加工，转角应用料石或经过修整的毛石砌筑，墙角部分纵横宽度为800mm左右。毛石墙砌筑讲究错缝搭接，外皮砌1块长块石，里皮则应砌1块短块石；下层砌短块石时，上层应砌长块石，以便确保毛石墙的里外皮与上、下层石块都互相错缝搭接，成为一个整体。拉结石应均匀分布，相互错开，一般每 $1m^2$ 墙面至少设置1块，且同皮内的间距应小于2m。

←为了确保毛石墙稳定，要在毛石外口处，增加垫石片。毛石砌体应采用铺浆法砌筑，每铺一段砂浆就砌一段毛石，石块之间不能直接接触，灰缝宽度控制在 20 ~ 30mm，大的石缝应先填砂浆后塞石片或碎石块嵌实，毛石墙每天砌筑的高度应小于等于 1.2m。

（5）围栏、栅栏、竹篱。

围栏、栅栏、竹篱一般是为防止人或动物随意外出或进入而起到的安全保护作用的构造。通常围栏、栅栏、竹篱的高度限制人进出者高度为1.8～2.6m，隔离植物者高度为0.4～1.2m。

施工时应谨防围栏、栅栏、竹篱的基础与构筑物超越建筑红线，修筑基础构筑物和选择建材作装饰处理时，应考虑围栏等的强度、防倾倒、维护、施工难度等方面的问题。设置木栅、花格篱（采用细木条构筑的围栏）应使用具有耐久性和经过防腐处理的木材。

围栏、栅栏、竹篱的施工要考虑以下要素。

1）基础。所有形式的屏障都需要考虑栅栏或围墙固定在地上的方法，主要结构应当适合庭院的现场条件。

2）基座深度。墙体和墙墩的基座上部，在温暖、不结冰地区通常是在设计标高300mm以下，在寒冷地区是在冻土线以下50mm，为构造的安全性提供必要保证。

3）土壤条件。对于砂性强、黏性强、易膨胀或湿度大的土壤，要求有更深和更宽的地基来保证其能够抵挡侧面的风压。

4）排水。在寒冷气候区，上冻和解冻过程都可能使柱子、基座、地基抬起。地表积水不应汇集到构造周围，应该从栅栏、屏障、围墙基部排走。

5）地形。有些栅栏和围墙构造与坡地平行或随地形起伏，而有些是柱子或柱墩之间的镶嵌板呈阶梯下降，这些都要根据坡度变化来制作。

↑装饰铁艺围栏是现代庭院的经典构造，可以涂刷红色来调节视觉效果。

↑竹制栅栏须用铁丝相互绑扎，并用支撑杆件固定在土质地面上。

↑木质围栏框架可以搭配金属结构，能起到稳固的作用。

↑木质围栏一般配合木质地台使用，起到和谐统一的视觉效果。

2. 大门

在庭院景观构造中，大门所在庭院的入口区，一般与围墙一起构成整体，所以也可以称为围墙大门。

（1）构造要点。

庭院大门一般可以直接在市场上选购，将定制加工的成品门安装到庭院中，应采取防倾斜措施，加重门体下部、降低重心等，防止围墙大门倾斜。

大门的下部可以增加装饰造型，而简化上部结构，增加了下部构造后还能阻挡宠物和家禽的出入。滑轨或门槛处要设置滴水槽，在开门滑轨或门槛处设置排水沟或排水坑，防止雨水流入沟槽间。

避免采用门体过重的产品，选择门体材料要与庭院内主体环境一致，避免选用开关困难的门体结构和设计形式。传统铸铁门自重很大，安装时应固定在混凝土结构的门柱上，每扇门要在上、中、下设置三个连接合页。合金门和木门的自重小，可以将门扇连接在型钢焊接的门框上，并适当选用带有阻力装置的铰链。

↑木质大门清新典雅，一般会露出门钉，适合中式或日式古典风格的庭院。

↑铁艺大门一般与铁艺围栏相统一，制作安装时，基层须涂刷防锈漆。

←庭院与室内之间的门可选用夹层钢化玻璃制作门厅，形成干—湿过渡区。

（2）维护保养。

常见的庭院大门都是成品件，订购安装后，厂商很少会再次前来保养，这就需要庭院主人自己来处理。

在现有环境下，木质结构大门很少用，或者只作装饰，并无实质的开关作用，大门的维护保养主要集中在铁艺设施上，铁艺大门在材料和涂料的选用上都力求达到防锈、耐磨、抗腐蚀、抗曝晒等要求。

要定期除尘，户外尘埃飞扬，日积月累，铁艺设施上会落上一层浮尘，不仅会影响铁艺的色泽，还会导致铁艺保护膜的破损，所以应定期擦拭户外铁艺设施，一般以柔软的棉织品擦拭为好。如果逢大雾天气，应用干棉布擦拭铁艺上的水珠；雨天过后要及时将水珠擦干。

近年来，我国大部分地区酸雨较多，雨后应立即将残留在铁艺上的雨水擦干，如果发现表面褪色或出现斑点，应及时修补上漆，以免影响整体美观。在雨水多的夏季和寒冷的冬季，可以将庭院中的铁艺家具暂时存放到储藏间内，避免由于疏忽而造成损伤。

↑用铁铲清除铁门上的锈斑，铲除力量要大，但是不要破坏完好部位的油漆。

↑使用0#粗砂纸打磨并铲除具有锈斑的部位，打磨一定要深入完整。

↑使用同色油漆涂刷至修补部位，反复涂刷多次，待完全干燥才能使用。

3. 顶棚

（1）雨阳篷。

雨阳篷作为建筑室内外的过渡空间，是小型庭院不可缺少的构造，它不但具有标志性的指引作用，同时也是庭院空间文化理性精神的体现。雨阳篷的形式依据庭院的风格和使用需求呈现出多种多样的形式，常见的结构主要有以下几种。

1）钢筋混凝土雨阳篷。采用钢筋混凝土进行浇筑，具有结构牢固、造型厚重坚固、不受风雨影响等特点。雨阳篷在外饰面抹灰时，应在篷顶、檐口、滴水等部位预留流水坡度。

2）钢结构悬挑雨阳篷。由雨阳篷支撑系统、雨阳篷骨架系统、雨阳篷板面系统三部分组成，它具有结构与造型简洁轻巧的特点，并富有现代感，施工便捷、灵活。支撑系统主要用钢柱支撑，也有采用钢柱或与原有的混凝土柱相连接，或是独立悬拉结构。

3）玻璃采光雨阳篷。采用阳光板、钢化玻璃作为材料，具有结构轻巧、造型美观、透明新颖的特点。在庭院旁的建筑外墙要按设计要求，预埋好固定钢材用的预埋件。透光材料的安装可以不需要硅胶密封，设有渗水槽，安全不漏水，美观且安装方便。当然，也可以采用加工型材做盖板，硅胶密封，这种结构需要用定制型材，施工技术容易掌握。设计玻璃雨阳篷时要保持压力均衡，注意防风、防雨。施工时注意留有10°～15°坡度的流水面，在周围设计流水槽和排水孔，能排除积水。

↑混凝土构造能遮风挡雨，还可以安装固定灯具，但是成本较高。

↑钢结构设计灵活，形态变化多样，可以配合钢化玻璃遮阳效果。

←玻璃构造的关键在于骨架材料，一般选用木质框架或铝合金框架较好。

（2）遮阳篷。

遮阳篷常用于采光性好的庭院，在炎热的季节，架设在庭院中的遮阳篷可以很好的降低室内外温度，避免关闭窗帘而影响采光的缺点。现代遮阳篷形式多样，色彩丰富，一般采用铝合金骨架支撑，表面覆盖复合塑料帆布，能随意缩展，使用方便，是小型庭院的最佳选择。

首先，遮阳篷可以有效地遮挡阳光、降低能耗。安装了遮阳篷的居室，一般可以节省制冷用电10%～40%，最多可以节电60%，在夏季是一种最节能的隔热方式。其次，它能防止产生室内眩光，不影响从室内观赏窗外的风景。此外，遮阳篷有较好的防紫外线功能，不仅使人体皮肤免受紫外线的侵袭，还能延长人们在庭院活动的时间。

←折叠式遮阳篷适合庭院中的阳光房，开启、关闭均使用灵活。

↑外墙伸缩遮阳篷一般采用钛镁合金骨架，可以根据需要折叠、伸缩。

↑固定式伞状遮阳篷覆盖面积有限，一般作为庭院临时区域遮阳使用。

4. 设施构造

（1）台阶。

台阶是室内通往室外的交通构造，无论是顶层的露台花园还是底层的入户花园，都会设计出不同形式的台阶，它能连接室内外的高差，保持室内地面整洁。

台阶一般由踢板和踏板两个构造组成，在室外台阶设计中，如果降低踢板高度，加宽踏板，可提高台阶舒适性。例如，踏板宽度定为300mm，则踢板的高度为150mm，若踏板宽增至400mm，则踢板高降到120mm。通常踢板高在130mm左右，踏板宽在350mm左右的台阶，攀登起来较为容易舒适。如果踢板高度设在100mm以下，行人上下台阶易磕绊，比较危险。因此，应当提高台阶上、下两端的排水坡度，调整地势，将踢板高度设在100mm以上，当然，也可以考虑做成坡道，取消台阶。

　　台阶扶手不同于栏杆，在设计形式上可能会与栏杆一致，但是在安装强度或自身质量上都会比普通栏杆高一个层次，例如，普通栏杆采用木质材料制作，台阶扶手就应该采用钢结构，再在钢材外层增加实木装饰。室外台阶踏步级数超过3级时就必须设置扶手，以方便老人和残疾人使用。

↑石质台阶特别坚固，可以配置石砌花台丰富台阶构造的层次。

↑防腐竹木台阶一般搭配防腐竹木地台，台阶具有一定弹性，行走较舒适。

↑预制混凝土板砌筑的台阶比较平整，成本低廉，表面可以铺装铁板作锈处理。

↑砖石铺装台阶的基层是砖体砌筑，台阶扶手高度一般为750～1200mm，有较强的分隔与拦阻作用。用于远眺观光的台阶扶手，高度可以达到1200mm，一般设置在高台的边缘，可以使使用者产生安全感，扶手端部应伸出顶部或底部踏步350～450mm。

　　（2）坡道。

　　坡道是连接不同高度空间的平缓过渡构造，也是交通和绿化系统中的重要设计元素，直接影响到使用功能和感观效果。

在庭院中，坡道应作比较缓和的设计。坡度在1%以下，路面平坦，但排水困难；坡度在2%～3%，比较平坦，活动方便；坡度为4%～10%，坡度较为平缓，适用于小面积草坪；坡度在10%～25%，可用于展现种植景观坡面，适用于广阔的草坪。

↑庭院道路、人行道坡道宽一般为900mm，但考虑到轮椅的通行，可设定在1200mm以上，有轮椅交错的地方其宽度应达到1500mm以上。

↑真正意义的坡道一般是为了让残疾人与正常人一样比较容易到达一定的区域，供轮椅使用，坡道应设高度650mm与850mm双重扶手，因此，一般坡道会比普通建筑坡道更缓和一些，为8.3%以下。

（3）路缘石。

路缘石具有确保行人安全，进行交通诱导，保持水土，保护植栽，以及区分路面铺装等功能，设置在行车道与人行道分界处、路面与绿地的分界处、不同材料铺装路面的分界处等位置。路缘石的种类很多，有预制混凝土路缘石、砖路缘石、石头路缘石，此外，还有对路缘进行模糊处理的合成树脂路缘石。路缘石高度以100～150mm为宜，区分路面的路缘，要求铺设高度整齐统一，局部可采用与路面材料相搭配的花砖或石料。

↑花岗岩路缘石坚固耐用，宽厚的路缘石可以当做座凳，注意保留伸缩缝。

↑绿地与混凝土路面、花砖路面、石路面交界处可以局部采取钢丝网架装料石来制作局部路缘石。

（4）边沟。

边沟是一种设置在庭院地面上用于排放雨水的排水沟，其形式多种多样，有铺设在道路上的L形边沟，行车道和步行道之间的U形街渠，铺设在停车位地面上的蝶形边沟，以及铺设在用地分界点、入口等场所的L形边沟。

↑平面型边沟的宽度要参考排水量和排水坡度来确定，一般宽度为250～300mm，采用嵌砌小砾石的材料，在庭院中，边沟一般会采用装饰地砖或仿古砖来铺设，要注重色彩的搭配。

↑窄缝样的缝形边沟和与路面融为一体的边沟等，缝型边沟的缝隙一般不小于20mm。边沟所使用的材料一般为混凝土，外部表面可铺装防腐木。

（5）凉亭。

木质凉亭应选用经过防腐处理的红杉木或耐久性强的樟子松，盘结悬垂类的藤木凉亭设计应确保植物生长所需的空间，因为凉亭下会形成阴影，这里不应种植草皮，可用不规则的铁平石铺砌地面。凉亭的建筑材料多使用木材、混凝土、钢材等作梁柱，装饰构造则多使用木材或钢材。

↑传统木质凉亭的尺寸一般为高2200～3000mm， 宽3000～5000mm， 长度为2000～6000mm。悬臂式凉亭宽度则为2000～2400mm，悬臂的间隔一般为300～500mm。

↑混凝土基础凉亭尺寸不受限制，结构与小型建筑没有区别。

（6）棚架。

在庭院中，棚架更多地作为外部空间通道使用。棚架还有分隔空间、连接景点、引导视线的作用，棚架顶部被植物覆盖可以产生庇护作用，同时减少太阳对人的热辐射。有遮雨功能的棚架，可局部采用玻璃和透光塑料覆盖，适用于藤本植物。

棚架一般采用圆柱做梁柱、竹料做立柱，近几年的庭院设计则多采用仿木混凝土，以提高棚架的耐久性。

（7）廊。

廊具有引导人流和视线，连接景观节点和供人休息的功能，其造型和长度也形成了自身有韵律感的连续景观效果。廊与景墙、花墙相结合增加了庭院的观赏价值和文化内涵。廊的宽度和高度应按人的尺度比例关系加以控制，避免过宽过高，一般高度宜在2200～2500mm，宽度宜在1800～2500mm。柱廊是以柱构成的廊式空间，是一个既有开放性，又有限定性的空间，能增加环境景观的层次感。

设计时应注意，凉亭、棚架、廊的形式、尺寸、色彩和题材都应与所在的环境相适应，凉亭、棚架、廊下还要设置供休息用的椅凳。

↑棚架的标准尺寸为高2200～2500mm，宽3000～5000mm，长度为3000～8000mm。柱、梁皆选用小端直径约为100～150mm的圆木或混凝土构造。立柱间隔为2400～2700mm。在梁与梁上使用直径约50mm的竹子搭置间隔300～400mm的格架，格栅架应大于凉亭顶部四周约300～600mm，这种棚架的基础埋至地面深度约900mm左右。

↑柱廊一般无顶盖或在柱头上加设装饰构架，靠柱子的排列产生效果，柱间距较大，纵列间距4000～6000mm为宜，横列间距6000～8000mm为宜，柱廊多用于弧形庭院边缘。

7.5 华丽而坚固的外衣：墙地面饰面铺装

1. 墙面铺装

在庭院中，墙面铺装多采用墙面砖、天然石材等材料进行铺装，虽然都是墙面铺装，但是施工工艺却各有不相同。

庭院中的围墙、建筑外墙、立柱、花坛、水池等构造表面一般都会铺装墙面砖，中等面积庭院的墙面砖一般需要5~7天。

↑道路铺装

↑矮墙墙砖铺设

（1）墙面砖铺装方法。

首先，清理墙面基层，铲除水泥疙瘩，平整墙角，但是不要破坏防水层。

然后，配置1：1水泥砂浆或素水泥待用，对铺贴墙面洒水，并放线定位，精确测量转角、管线出入口的尺寸并裁切瓷砖。

接着，在瓷砖背部涂抹1：1水泥砂浆或素水泥，从下至上准确粘贴到墙面上，保留的缝隙要根据瓷砖特点来定制。

最后，采用瓷砖专用填缝剂填补缝隙，使用干净抹布将瓷砖表面擦拭干净，养护待干。

↑清理墙面基层，对不平整部位整平，可用 1 : 3 水泥砂浆修补平整。

↑调和的 1 : 1 水泥砂浆或素水泥一次不宜过多，随时加水调和稀释。

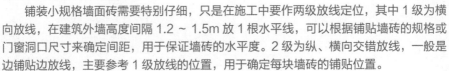

★ 庭院小贴士

铺装小规格墙面砖注意事项

铺装小规格墙面砖需要特别仔细，只是在施工中要作两级放线定位，其中 1 级为横向放线，在建筑外墙高度间隔 1.2 ~ 1.5m 放 1 根水平线，可以根据铺贴墙砖的规格或门窗洞口尺寸来确定间距，用于保证墙砖的水平度。2 级为纵、横向交错放线，一般是边铺贴边放线，主要参考 1 级放线的位置，用于确定每块墙砖的铺贴位置。

←铺装小规格砖时，纵横线都要放线定位。

↑条形通体砖应错落铺装，上、下应错落有序。

↑墙面砖铺装多保留整齐的勾缝给人次序感。

（2）施工要点。

1）选砖时要仔细检查墙面砖的几何尺寸、色差、品种，以及每件墙面砖的色号，防止混淆色差。铺贴墙面如果是涂料基层，必须洒水后将涂料铲除干净，凿毛后方能施工。检查基层平整、垂直度，如果高度误差大于等于20mm，必须先用1∶3水泥砂浆打底校平后才能能进行下一工序。普通陶砖应浸泡3～5h后竖立晾干，高密度玻化砖、天然石材无需浸水。裁切时应注意加水防止产生粉尘与火花。

↑普通的陶砖必须入水浸泡，浸泡后应立起晾干，高密度玻化砖、石材无需浸泡。

↑裁切墙面砖要用水降温，避免产生粉尘和火花。

2）确定墙砖的排版，在同一墙上的横竖排列，不宜有1行以上的非整砖，非整砖应排在次要部位或阴角处，不能安排在醒目的装饰部位。用于墙砖铺贴的水泥砂浆体积比一般为1∶1，亦可用素水泥铺贴，将其均匀涂抹至砖石背面。

↑墙砖镶贴前必须找准水平及垂直控制线，垫好底尺，挂线镶贴

↑逐块铺装时要注意表面平整度。

3）墙砖在镶贴过程中，要用橡皮锤敲击固定，砖缝之间的砂浆必须饱满，严防空鼓，每铺装一块就应该采用水平尺仔细校正。墙砖的最上层铺贴完毕后，应用水泥砂浆将上部空隙填满。相邻砖之间平整度不能有误差。墙砖贴阴阳角必须用角尺定位，墙砖粘贴如需碰角，碰角应非常严密，缝隙必须贯通。

↑缝隙误差应小于等于1mm，横竖缝必须完全贯通，缝隙不能交错。随时采用长度1m的水平尺检查，误差应小于1mm，用2m长的水平尺检查，平整度应小于2mm。

↑宽缝砖可以用素水泥浆满铺均匀，待略干时在用抹布清除砖块表面水泥。

↑墙面预留开关插座要严密切割，如果砖块尺寸不符，后期可以同色填缝材料覆盖缝隙。

↑给排水管道要预留到位，带最后给排水管道全部安装完毕后再铺贴周边砖块。

4）第二次采购墙砖时，必须带上样砖，选择同批次产品。墙面砖铺贴是技术性极强，在辅助材料备齐、基层处理较好的情况下，每个施工员一天能完成10～15m²。陶瓷墙砖的规格不同、使用的粘结材料不同、基层墙面的管线数量不同等因素，都会影响到施工工期。所以，实际工期应根据现场情况确定。墙面砖的铺装施工，可以与其他项目平行或交叉作业，但要注意成品保护。

2. 天然石材铺装

天然石材质地厚重，在施工中要注意强度要求，现场常用的墙面铺装方式为干挂与粘贴两种，其中干挂施工适用于面积较大的墙面施工，粘贴施工适用于面积较小的墙面、结构外表施工。

（1）干挂施工构造。

首先，根据设计要求在施工墙面放线定位，采用角型钢制作龙骨网架，通过膨胀螺栓固定至墙面上。然后，对天然石材进行切割，根据需要在侧面切割出凹槽或钻孔。接着，采用专用连接件将石材固定至墙面龙骨架上。最后，调整板面平整度，在边角缝隙处填补密封胶，进行密封处理。

在墙上布置钢骨架，水平方向的角形钢必须焊在竖向角钢上。按设计要求在墙面上制成控制网，由中心向两边制作，应标注每块板材与挂件的具体位置。

安装膨胀螺栓时，应按照放线的位置在墙面上钻出膨胀螺栓的孔位，孔深以略大于膨胀螺栓套管的长度为宜，埋设膨胀螺栓并予以紧固。

挂置石材时，应在上层石材底面的切槽与下层石材上端的切槽内涂胶。清扫拼接缝后即可嵌入橡胶条或泡沫条，并填补勾缝胶封闭。注胶时要均匀，胶缝应平整饱满，亦可稍凹于石材板面，并按石材的出厂颜色调成色浆嵌缝，边嵌缝边擦干净，保持缝隙密实、均匀、干净，且颜色一致。

↑膨胀螺栓固定部位应涂刷防锈漆。

↑石材侧边预先开槽，干挂成品连接件应插入槽口固定。

↑干挂石材也可以做出凹凸造型，接缝应填补完整。

↑宽缝干挂石材在外凸碰角处采用聚氨酯结构胶密封填补。

（2）粘贴施工构造。

首先，清理墙面基层，必要时用水泥砂浆找平墙面，并作凿毛处理，根据设计在施工墙面放线定位。然后，对天然石材进行切割，并对应墙面铺贴部位标号。

接着，调配专用石材粘接剂，将其分别涂抹至石材背部与墙面，将石材逐一粘贴至墙面。最后，调整板面平整度，在边角缝隙处填补密封胶，进行密封处理。

← 瓷砖粘接剂施工法

石材粘贴施工虽然简单，但是粘接剂成本较高，一般适用于小面积施工。施工前，粘贴基层应清扫干净，去除各种水泥疙瘩，采用1：2.5水泥砂浆填补凹陷部位，或对墙面作整体找平。石材粘接剂应选用专用产品，一般为双组分粘接剂，根据使用说明调配。涂抹粘接剂时应用粗锯齿抹子抹成沟槽状，以增强吸附力，粘接剂要均匀饱满。施工完毕后应养护7天以上。

无论是干挂还是粘贴，天然石材厚度较大，缝隙较深，需要采用聚氨酯密封胶填充。仔细清理施工完毕的石材缝隙，清除灰尘与残渣。用封胶带粘贴至勾缝边缘，对齐缝隙，用胶枪注入聚氨酯密封胶，庭院多采用黑色密封胶，耐候性更好。待完全密封胶初凝后即可揭开封胶带，擦除多余胶痕，做好养护，3天内不能接触水。

↑ 清理石材勾缝，扫除灰尘与残渣。

↑ 用封胶带粘贴勾缝边缘，注入聚氨酯密封胶。

↑ 带感后揭开密封胶带，稍作修饰。

3. 地面砖石铺装

庭院的地面铺装材料很丰富，地面铺装工艺也不同，下面主要介绍常规地面砖石铺装方法，另外简要介绍其他地面铺装材料的施工工艺。

地面砖石一般为高密度仿古砖、通体砖、天然石材、人造混凝土砖等，铺贴的规格较大，不能有空鼓存在，铺贴厚度也不能过高，避免与地板铺设形成较大落差，因此，地面砖石铺贴难度相对较大。

(a)　　　　　　　　　　(b)　　　　　　　　　　(c)

↑庭院地面砖石铺装效果

下面就以地面铺装花岗岩为例，介绍地面砖石铺装施工工艺。

（1）施工方法。

首先，清理地面基层，铲除水泥疙瘩，平整墙角，但是不要破坏庭院结构。

然后，配置1:2.5水泥砂浆待干，对铺贴墙面洒水，放线定位，精确测量地面转角与开门出入口的尺寸，并对砖石作裁切，将砖石预先铺设并依次标号。

接着，在地面上铺设平整且黏稠度较干的水泥砂浆，将较湿1:2.5水泥砂浆涂抹至砖石背面，铺贴在到地面上，用橡皮锤敲击压固，保留缝隙根据材料特点来定制。

最后，采用素水泥或专用填缝剂填补缝隙，使用干净抹布将瓷砖表面的水泥擦拭干净，养护待干。

↑地面倒入适量的水泥砂浆，抹平。

↑在瓷砖的背面涂抹上水泥砂浆，且铺贴到地面上，用木锤轻轻敲击。

↑涂抹素水泥或专用填缝剂，将多余的材料擦拭干净。

（2）施工要点。

1）地面上刷1遍清水泥浆或直接洒水，注意不能积水。当地面高差超过20mm时，要用1：3水泥砂浆找平。砖石铺设前必须进行挑选，选出尺寸误差大的砖石单独处理或是分区域处理，选出有缺角或损坏的砖重新切割后用来镶边或镶角，有色差的砖石可以分区使用。

↑砖石铺贴前应经过仔细的测量，再通过计算机绘制铺设方案，统计出具体砖石数量，以排列美观与减少损耗为目的，并且重点检查庭院地面的几何尺寸是否整齐。地面倒入适量的水泥砂浆，抹平。

↑使用1：2.5水泥砂浆，砂浆应是干性，手捏成团稍出浆，粘接层厚度应大于等于12mm，灰浆应饱满，不能空鼓。铺贴之前要在横竖方向拉十字线，贴的时候横竖缝必须对齐。

2）砖石铺设时，应随铺随清，随时保持清洁干净。采用橡皮锤敲击石材表面及四角，与周边石材高度一致，保持完全平整。铺贴的平整度要用1m以上的水平尺检查，相邻砖石高度误差砖石空鼓现象，控制在1%以内，在主要通道上的空鼓必须返工。施工完毕后随时保持清洁，不能有铁钉、泥沙、水泥块等硬物，以防划伤砖石表面。对于铺装时留出必要的缝隙并用彩色水泥填充，使整体效果统一，强调了凝重的历史感。

↑石材背面涂抹水泥砂浆含水率可以较高，方便整形。铺装时应对齐严谨，砖石缝宽1mm，不能大于2mm，施工过程中要随时检查。

↑交接一定要严密，缝隙要均匀，砖石边与墙交接处缝隙应小于5mm。

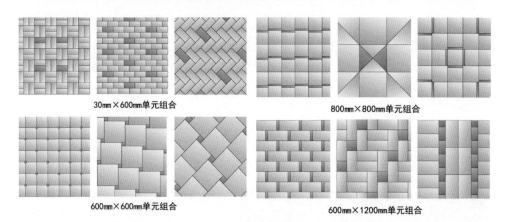

30mm×600mm单元组合　　　　800mm×800mm单元组合

600mm×600mm单元组合　　　　600mm×1200mm单元组合

↑地面砖不同尺寸的组合、拼贴方式，尤其是釉面颜色不同的砖石可以随机组合铺装，其视觉效果千差万别，令人遐想。留缝铺装也是现在流行的趋势，适用于仿古砖，它主要强调历史的回归。地面采用45°斜铺与垂直铺贴相结合，这会使地面由原来较为单调的几何线条变得更丰富，增强了空间的立体感并活跃了环境氛围。

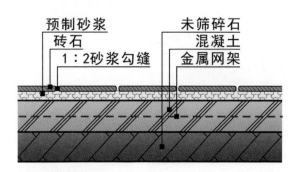

↑砖石地面铺装构造

4. 其他材料铺装

庭院的地面铺装材料特别丰富，可以根据设计需要与经济状况来选用。下面介绍几种其他材料的铺装施工工艺，供选择参考。

（1）沥青地面。

沥青地面成本低、施工简单、平整度高，常用于步行道、停车位的地面铺装，也可以用于庭院内。在沥青材料中，除了沥青混凝土地面外，还有透水性沥青地面、彩色沥青地面等。

透水性沥青地面可能会被雨水直接浸透，造成路基软化，因此现在一般只用于人行道、停车场、庭院内部道路的铺装。同时，透水性沥青地面在使用数年后多会出现透水孔堵塞，道路透水性能下降等现象。为了确保一定的透水性，对此类地面应经常进行冲洗养护。其面层采用透水性沥青混凝土，如果路基透水性差，可以在基底层下铺设一层砂土过滤层，厚50~100mm。

彩色沥青地面一般可以分为两种，一种是加色沥青地面，厚度约20mm；一种是加涂沥青混凝土液化面层材料的覆盖式地面，常用于田园风格的庭院中，彩色沥青地面除了抗压强度高，还具有很强的装饰效果。

↑沥青铺装适用于庭院行车道。

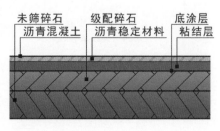

↑车行道沥青铺装构造

↑彩色沥青地面一般用于步行道，可进一步丰富庭院环境。

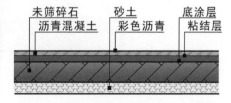

↑步行道彩色沥青铺装构造

（2）混凝土地面。

混凝土地面因造价低、施工性能好，常用于铺装园路、自行车或车的停放场地，对于首层庭院来说可以根据需要铺设。

混凝土地面处理除了常规的铁抹子抹平、木抹子抹平、刷子拉毛外，还有简单清理表面灰渣的水洗石饰面与铺石着色饰面等方式。将混凝土地面用于庭院道路等，较为常见的设计手法是不设路缘，但这种地面缺乏质感，易显单调，因此应设置勾缝来增添地面变化。

(a)　　　　　　　　　　　　　　(b)

↑混凝土铺装有多种表现形式，适用于庭院娱乐区和休闲区。

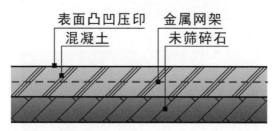

表面凸凹压印　　金属网架
　　混凝土　　　未筛碎石

↑混凝土铺装构造。

↑混凝土伸缩缝

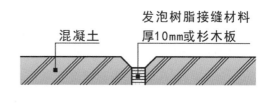

发泡树脂接缝材料
混凝土　厚10mm或杉木板

↑混凝土伸缩缝构造。

（3）卵石地面。

卵石地面主要分为水洗小砾石与卵石嵌砌地面两种。水洗小砾石地面应待浇筑预制混凝土后，凝固到24～48h，用刷子将表面刷光，再用水冲刷，直至砾石均匀露明。这是一种利用小砾石色彩与混凝土光滑特性的地面铺装，除庭院道路外，还多用于人工溪流、水池的底部铺装。利用不同粒径或不同品种的砾石，可以铺成多种水洗石地面。地面的断面结构、使用场所、路基条件而异，一般混凝土层厚度为100mm。

卵石嵌砌地面是在混凝土层上摊铺厚度20mm以上的1：3水泥砂浆，平整嵌砌卵石，最后用刷子将水泥浆整平。卵石地面经济实用，非常适宜现代庭院。

(a)　　　　　　　　　　(b)

(c)

↑卵石地面，造型多变，适合庭院小径。

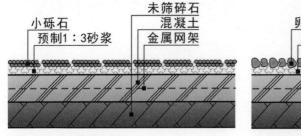

↑水洗小砾石铺装构造

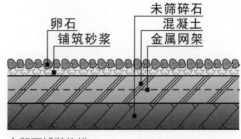

↑卵石铺装构造

（4）料石地面。

料石地面是指在混凝土垫层上铺砌厚15～40mm的天然石材，铺设地面利用天然石材的不同品质、颜色、石料饰面及铺砌方法组合出多种形式。料石地面能够营造出有质感、沉稳的氛围，常用于大面积庭院地面铺装。

料石铺地的铺砌方法有很多种，如方形铺砌、不规则铺砌等。方形铺砌的接缝间距一般为6～12mm；铁平石等不规则铺砌的接缝间距为10mm左右；观光地的石英岩、石灰岩不规则铺砌地面，一般接缝间距为10～20mm，采用不平整的铺砌办法。

料石铺地所选用的石材规格不一，如果是花岗岩，可以按设计图纸挑选，但是石料的厚度一般为25mm。板岩、石英岩通常用于方形铺砌地面，石料的平面规格为300mm×300mm，或300mm×600mm，厚度一般为25～60mm不等。

←花岗岩料石地面，采用不规则石料砌。

↑板岩料石地面，采用不规则石料砌。

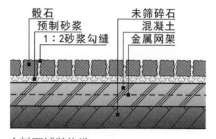

↑料石铺装构造

（5）塑料地面。

塑料地面比较时尚，主要分为现浇无缝环氧沥青塑料地面与弹性橡胶地面两种。

现浇无缝环氧沥青塑料地面是将天然砂石等填充料与特殊的环氧树脂混合后作面层，浇筑在沥青路面或混凝土地面上，抹光至10mm厚的地面，是一种平滑的兼具天然石纹色调的地面。一般用于庭院、广场、池畔等路面铺装。

弹性橡胶地面是利用特殊的粘接剂将橡胶垫粘接在基础材料上，制成橡胶地板，再铺设在沥青地面或混凝土地面上。常用于庭院中的娱乐设施区域，地面铺装厚度一般为15mm或25mm。

↑现浇无缝环氧沥青塑料地面整体感强烈

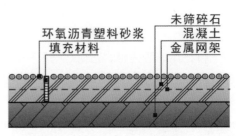

↑现浇无缝环氧沥青塑料铺装构造

↑弹性橡胶地面适用于健身游乐设施地面

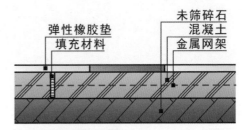

↑弹性橡胶铺装构造

（6）砂石地面。

砂石地面一般采用粒径3mm以下的石灰岩粉铺成，除弹性强、透水性好外，还具有耐磨、防止土壤流失等优点，是一种柔性铺装方式。砂石一般用于日式庭院或现代庭院地面的局部铺筑。对纵向坡度较大的坡道，由于雨水会造成石灰岩土的流失，不适合采用这种材料。

↑日式庭院尤其喜欢喜欢细沙满铺，彰显日式独特的意境美。

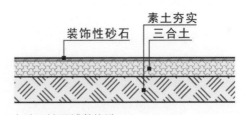

↑砂石地面铺装构造

（7）防腐木地面。

户外庭院一般选用防腐木，它是在木材的表面涂上专用密封涂料，经浸渍防腐溶剂处理后而具备防腐功能。在庭院中铺木地板，可以根据使用者喜好来设计，或铺满整个庭院，或在庭院中的某一位置铺上木地板。如果有通往庭院的台阶，最好也铺上木地板，形成统一的视觉效果。

在庭院中铺设防腐木地板时，应该尽可能使用木材现有的尺寸及形状，在浸渍防腐液体后所做的任何加工，如钻孔、精刨、削切等工艺都可能使被浸渍的板材缩短使用寿命。因此，庭院用地板可以选择造价低，厚度为20~28mm的木材，要根据不同场所正确选择地板材料，板材的宽度应与制作环境相适应，一般以80~180mm为宜，龙骨之间的距离为500mm，可以保证地板的正常使用与安全系数，脚感也很舒服。

↑铺装整齐，防腐木多采用螺钉固定。

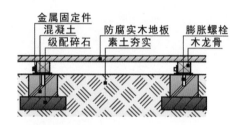

↑防腐木地面铺装构造

（8）透水草皮地面。

透水性草皮地面有使用草皮保护垫的地面和使用草皮砌块的地面等两类。其中草皮保护垫，是由一种保护草皮生长发育的高密度聚乙烯制成的，耐压性及耐候性强的开孔垫网。草皮砌块地面是在混凝土预制块或砖砌块的孔穴或接缝中栽培草皮，使草皮免受人、车踏压的地面铺装，一般用于庭院中的停车位等场所。

透水性草皮运用到庭院中，可以和其他硬质铺装材料形成鲜明的对比，具有柔化环境的作用。

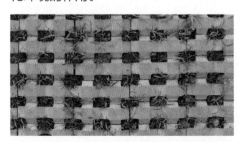

↑透水草皮地面适用于停车位，也适用于绿化地面，可以防止杂草长高。

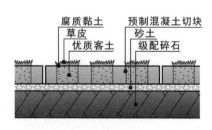

↑透水草皮地面铺装构造

Chapter 8
山石水景提升庭院品质

识读难度: ★★★★★

核心概念: 置石、构筑、水池、景致

章节导读: 山石、水景是具有中国特色的人造庭院景观。位于城市中心的庭院,受到面积、造价等条件限制,山石、水景的塑造方式也很有出入。依靠墙壁构筑石壁,或沿小池点缀少数湖石;一般庭院布局不太复杂,往往以水池为中心,以山石衬托水池、建筑和花木,常常利用土坡作为山石基座,或以人工叠造假山作为庭院中的主景。面积较大的庭院可以将空间划分为几个部分,山石与水景的设计有分有合,互相穿插,以增加风景的曲折和深度。

↑庭院山石、水景、建筑物之间相互交融。

8.1 具有力量感的庭院布置：山石塑造

1. 选石方法

山石是指用人工堆砌起来的山，从真山演绎而来，人们通常所指的假山实际上包括假山与置石两个部分。庭院中的假山是以造景游览为主要目的，充分结合其他多方面的功能作用，以土、石等为材料，以自然山水为蓝本加以艺术提炼和夸张变形，它是人工再造山水景物的通称。

（1）石料种类。

岩石由于地理、地质、气候等复杂条件，化学成分和结构不同，肌理与色彩在形态上也有很大差异。不同的叠山造型，选择适合于自然环境的石形是很重要的。选石还包括考虑石质的强度、吸水性、纹理等因素。

目前，用于庭院效果较好的石料有沙积石、黄蜡石、蓬莱石、宣石、砂片石、龙骨石、钟乳石、湖石、斧劈石、灵璧石等。

←黄蜡石的颜色为土黄色或黄橙色，外表圆滑，各向尺寸相当，用于单独陈设。

↑太湖石一般呈灰白色，中间有大小不一的孔洞，具有很强的艺术审美。

↑灵璧石的体量较大，石壁上具有凹槽纹理，可以配置水景，装饰效果较好。

（2）石形与纹理走向。

如果要表现山峰的挺拔、险峻，应选择竖向石料。斜向石料很适表现危岩与高远的山体效果。不规则曲线纹理石型最适于表现水景、叠瀑，具有一种动态美。横向石型具有稳定的静态美，适于围栏、庭院叠山造型。

↑不规则的石料可以随意搭配，注意摆放要成群组，疏密得当即可。

↑纹理狭长的石料可以横向叠加砌筑，形成丰富的层次并配上流水。

↑纹理不凸出的石料可以竖向摆放，并在间隙处种植绿化植物。

（3）色泽与环境的关系。

石料的颜色很多，置石的质与色对人的心理和生理的感觉是不可忽视的重要环节，自然环境的大色调与叠山造型的小色调之间，光源色、固有色、环境色之间的关系是十分密切的。例如，与竹林树丛及花圃组合的叠山造型为偏白灰色调，既对比又和谐。传统庭院常作粉壁置石，即以墙作背景，而避暑纳凉的环境应以偏冷的青绿色组合更为贴切。

当然，人的文化修养不同，对于色彩感觉肯定是会有差异的，还要根据个人喜好来选择不同色泽的石料。

↑灰白色石料放在路边，搭配深色石材铺地，衬托其光洁、白净的色泽。

↑黄褐色石料堆积的假山前可以配置深绿色植物，形成色彩上的较大反差。

↑灰色石料要放置在日光充裕的位置，显出更加灿烂、辉煌的光照效果。

（4）特殊处理手法。

有些特殊的环境还可以选择其他石料，例如，较大较庄重的别墅庭院或重要场所的特置散石、点景小品的处理，可用名贵的赏石作为点缀，如汉白玉、树化石等自然石形，可以补充空间，活跃环境气氛。置石的形色、质地与建筑实体、家具设施形成对比，可以增强内部空间的自然美感，但是配置散石方法要力求符合形式美原则，散石之间与周围环境之间要有整体感。

↑ 单独摆放的石料周边可以适当铺装地面砖，形成独立观赏区域，衬托其高贵。

↑ 较狭长的石料可以搭建成假山、洞穴，激发游人穿行的欲望。

↑ 较不规则的石料集中放在路边的花丛中，软硬对比强烈，成为庭院显著的标志物。

庭院常用石料一览

序号	名称	图例	特色与应用
1	太湖石		具有透空形态，具有良好的视觉审美感，是我国古典庭院的代表
2	黄蜡石		比较圆润，垒筑起来缝隙较少，能用于各种庭院假山造型
3	青石		质地均衡，常用于铺装地面，制作石材家具或刻写文字
4	石笋		用于制作小巧、精致的庭院假山造型，缝隙处种植绿化植物
5	木化石		光洁、细腻，一般单独陈设在庭院中特别醒目的位置
6	石蛋		用于布置在坡地草坪、人工水池、溪流的岸边，采用水泥砂浆砌筑或直接放置

2. 置石方法

置石是以石材或仿石材料布置成庭院岩石景观的造景手法。置石可以充分发挥它的挡土、护坡、种植床或器设等实用功能，用来点缀庭院空间。置石的特点是以少胜多，以简胜繁，用简单的形式，体现较深远的意境和艺术效果。

（1）特置。

特置石又称为孤赏石，即用一块出类拔萃的山石来造景，也有将两块或多块石料拼接在一起，形成一个完整的孤赏石。特置石的自然依据就是自然界中著名的单体巨石。

特置山石常在庭院中用作入门的障景和对景，或置于视线集中的廊间、天井中央、漏窗后部、水边、路口或庭院道路转折部位。特置山石也可以与壁山、花台、岛屿、驳岸等结合使用，新型庭院多结合花台、水池或草坪、花架来布置。古典庭院中的特置山石常镌刻题咏和命名。现代庭院置石选材丰富，造型风格也更加多样，而且现代置石意境也比传统置石更加丰富。

↑较光洁的特置石一般须刻写文字，点明所在庭院的创意主题。特置石应选择体量大、造型轮廓突出、色彩纹理奇特、颇有动势的山石，一般置于相对封闭的小空间内，成为局部构图的中心。石高与观赏距离一般介于1：2～1：3。例如，石高3～6m，观赏距离为8～18m，在这个距离内才能较好地品味石料的体态、质感、线条、纹理等。

↑为了使视线集中，造景突出，可以使用框景等造景手法，或立石于空间中央，使石位于各视线的交点上，或石后有背景衬托。

特置石在工程结构方面要求稳定，关键是在于结构合理，掌握山石的重心线使山石本身保持重心平衡。我国传统的做法是用石榫头稳定，榫头一般无须很长，约100～300mm，根据山石体量而定，但榫头的直径要求比较大，周围与石料之间的缝隙保留30mm左右即可。

石榫头必须正好在重心线上，磐上的榫眼比石榫的直径略大一些，但应该比石榫头的长度要深一点，这样可以避免因石榫头顶住榫眼底部，石榫头周边不能和基磐接触。安装山石之前，只需要在石榫眼中浇灌少量黏合材料，待石榫头插入时，黏合材料便自然地充满有空隙的部位。

特置山石布置的要点是相石立意，山石体量与环境相协调，有前置框景和背景的衬托，也可以利用植物或其他办法来弥补山石的缺陷。特置山石还可以结合台景布置，用石料或其他材料制成整体台面，内盛土壤，台下有一定的排水设施，然后在台上布置山石和植物，或仿作大盆景布置，创造有组合的整体美。

↑形态普通的特置石可以放在高处，通过绿化植物来衬托，增添一份高贵感。

↑台景石一般要在基础垫其他石料，主石或光洁、或皱褶、或镂空，应提升特置石的观赏效果。

↑廊间置石。庭院中的走廊为了争取空间的变化和使游人从不同角度去观赏景物，在平面上往往做成曲折回环的半壁廊。这样会在廊与墙之间形成一些大小不一、形体各异的小天井空隙地，可以用山石小品点缀空白，使小空间也有层次和深度变化。同时可以诱导游人按序列参观，丰富沿途的景色，使庭院空间小中见大，活泼无拘。

↑粉壁置石。粉壁理石也称为壁山。粉壁置石是以墙作为背景，在面对建筑的墙面、建筑山墙或相当于建筑墙面前基础种植的部位作石景或山景布置。粉壁理石一般要求背景简洁，置石要掌握好重心。不可依靠墙壁，同时注意山石排水，避免墙角积水。

↑窗前置石。为了使室内外互相渗透，常用漏窗透石景。在窗外布置石、竹小品之类，使景入画。从暗处看明处，窗花有剪影效果，石景以粉墙为背景，从早到晚，窗景因时而变。

（2）对置。

对置是以两块山石为组合，相互呼应的置石手法，常立于庭院门前两侧或立于庭院道路两侧。在建筑前方沿建筑中轴线两侧作对称布置的山石，以陪衬环境，丰富景色。对置山石的要求、工法可仿效特置石，主要追求对称美。对置山石在数量、体量及形态上无须完全对等，可立可卧，可仰可俯，只求在构图上的均衡和在形态上的呼应，这样能给人以稳定感。在材料获取困难的地方亦可用小石拼成特置峰石，须用体量较大的山石封顶，掌握平衡，理之无失。

对置与特置的区别是特置独立成景，而对置对称成景，要求对置山石姿态不俗，或体量、形态均相似，或大小、姿态有呼应，共同构成一幅完整的画面。

（3）散置。

散置即用少数几块大小不等的山石，按照艺术审美的基本原则搭配组合，或置于门侧、廊间、粉壁前，或置于坡脚、池中、岛上，或与其他景物组合造景，创造出多种不同的景观。散置山石的经营布置也借鉴传统书画作品、讲究置陈、布势。石料虽星罗棋布，仍气脉贯穿，有一种韵律美。散置对石料的要求相对比特置低一些，但要组合得好，散置可以独立成景，与山水、建筑、树木联成一体，往往设于人们必经之地或处在人们的主视野之中。

散置的布局要点是，造景目的性明确，格局谨严，手法洗练，寓浓于淡，有聚有散，有断有续，主次分明，高低曲折，顾盼呼应，疏密有致，层次丰富，散而有物，寸石生情。

（4）群置。

将几块山石成组排列，作为一个群体来表现，或采用多块山石互相搭配布置，这种方法称为群置，也称为聚点、大散点。群置要求石块大小不等、主从分明、层次清晰、疏密有致、虚实相间、前后呼应、高低有致。强调一个"活"字，切忌排列成行或左右对称。群置可以有一个主题，也可以没有主题，仅起点缀、护坡或增加庭院重量、烘托气氛的作用。

↑对置石一般位于道路两侧，引导游人步入其间，营造出穿越乐趣。

↑散置石要注意疏密得当，从任意观赏角度来审视，都能获得均衡感。

↑群置石排列应具备序列感，将纹理、大小、形体不同的石料变得有关联。

3. 山石构筑创意

山石构筑方法很多，要求将科学性、技术性和艺术性统筹考虑，可以归纳为以下几种方法。

（1）构思法。

成功的叠山造景与科学的构思是分不开的，将形象思维与抽象思维相结合指导实践，突出造景主题，才能使庭院环境与山石造型和谐统一，形成格调高雅的艺术品，这样的山石造景方法、构思难度虽大，但施工效果好。在设计之前要查阅大量资料，借鉴前人成功的叠山造景设计及前人画稿蓝本，丰富人们的想象空间与创造能力，以此指导设计。在构思造型之前，应对环境构成的诸多因素加以统筹考虑，如地形地貌、四季气候、古树、建筑环境等因素，并绘制能反映出实际效果、形体、色彩、光照、质感的设计草图，作为施工的参照，这样的叠山造景必定是成功的。

（2）移植法。

移植法是将前人成功的叠山造型，取其优秀部分为现在所用，这种方法较为省力，同时也能收到较好的效果。但是采用此方法应与创作相结合，否则，将失去造景特点，造型雷同。

（3）资料拼接法。

这种方法是先将石形选角度拍摄成像、标号，然后拼组成若干个小样，优选组合定稿。这种方法成功率高，设计费用低，设计周期短，值得提倡。这方法很像智力游戏"七巧板"，随意拼接可组合变化出很多不同的叠山造型，又利于选石，节省施工时间，但在施工过程中有时效果与构思相悖，其原因是图片资料为两维平面构成，山体造型为三维空间，因此在运用此种设计方法时，应留下一个想象的空间，在施工过程中调整完成。

↑山石创意要绘制相应图稿，将创意思路展现在面前再作调整。　↑复杂的山石创意需要制作模型才能正确辨别设计目的是否达到。　↑考察现有的山石布置，根据设计空间稍作修改也可以获得完美效果。

4. 构筑方法

（1）相石。

相石又称为读石、品石。石料到了施工工地后应分块平放在地面上以供相石，对现场石料反复观察，区别不同质地、纹理和体量，按设计创意对造型和要求分类排队，对关键部位和结构用石作出标记，以免滥用，这样才能通盘运筹，因材施用。

↑外形各异的山石需要经过巧妙组合才能获得完美的陈设效果。

↑形体方正的石料可以用于砌筑花台、围墙，甚至制作洞穴，结构比较稳定。

↑具有条纹的石材很难得，一般放置在庭院水池中央作为标志性构造。

（2）立基。

山石的基础表面高度应在土表或池塘水位线以下300～500mm。常见的基础形式有以下几种。

1）桩基础。木桩多选用柏木桩或杉木桩，取其较平直而又耐水湿的木材。

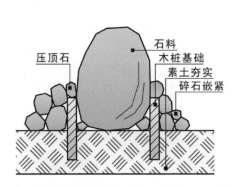

↑木桩顶面的直径为 100 ～ 150mm。平面布置按梅花形排列，故称梅花桩。桩边的间距约为 200mm，其宽度视山石底脚的宽度而定，如做驳岸，少则 3 排，多则5 排。

↑大面积的假山即在基础范围内均匀分布。桩的长度要足以打到硬质土层，称为支撑桩；或用其挤实土壤，又称为摩擦桩。桩长一般有 1m 多，桩木顶端露出湖底 200 ～ 800mm，其间用块石嵌紧，再用花岗石压顶。

2）灰土基础。灰土经凝固后便不透水，可以减少土壤冻胀的破坏。

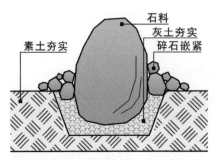

↑灰土基础的宽度应比山石底部宽出约500mm，保证假山的压力沿压力分布的角度均匀地传递到素土层。灰槽深度一般为500～600mm，高度在2m以下的假山一般是打一步素土和一步灰土，高度在2～4m的假山用一步素土和两步灰土。

↑一步灰土即布灰300mm，踩实到150mm再夯实到100mm厚度左右，石灰一定要选用新出窑的块灰，在现场泼水化灰，灰土的比例一般为3：7。

3）石基础。石基础多用于较好的土基。

↑常采用毛石、条石，将石材置于浅土坑内，石材高度40%嵌入土壤中固定。

↑这种置石的方法一般用于石景的特置，用于表现单个石材的造型艺术。

4）混凝土和钢筋混凝土基础。现代庭院山石多采用浆砌块石或混凝土基础，这类基础耐压强度大，施工速度较快。在基土坚实的情况下可以利用素土槽浇筑。

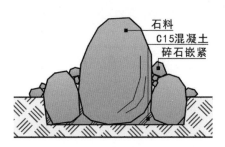

↑基槽宽度与灰土基层相同，陆地上选用密度不低于 C15 混凝土。水泥、砂和卵石配合的重量比约为 1：2：4～1：2：6。

↑水中假山基采用 C15 水泥砂浆砌块石，或 C10 素混凝土作基础为妥。对于立地条件较差或有特殊要求的假山，其基础常采用钢筋混凝土浇筑。

★ 庭院小贴士

山石构筑措施

（1）平稳与填充设施。为了安置底面不平整的山石，在找平石料上表面后，会在底部不平处垫上几块控制平稳和传递重力的垫片，又称为重力石，两石之间不着力的空隙也要适当地用块石填充。

（2）金属加固设施。必须在山石本身重心稳定的前提下用以加固，常用熟铁或钢筋制成。金属构件要求用而不露，不暴露在视线之下。

（3）勾缝处理。现代山石构筑广泛使用 1：1 水泥砂浆。一般水平方向缝都为明缝，在需要时将垂直缝勾成暗缝，即在结构上结成一体。勾明缝不要过宽，最好不要超过 20mm，如果缝过宽，可以用随形之石块填缝后再勾缝。

↑在大黄蜡石下方垫筑大小不一的小黄蜡石，保证大石安放平稳，也可用云石胶粘接。

↑位于斜坡上的山石最好在底部采用钢筋与混凝土固定在坡面上。

↑横向纹理的石料应当特别注意勾缝处理，缝隙与横向纹理要一致。

（3）拉底。

拉底又称为起脚，有使山石底层稳固和控制其平面轮廓的作用。这层山石大部分在地面以下，只有小部分露出地面以上，并不需要形态特别好的山石，但因为是受压最大的自然山石层，要求有足够的强度，因此宜选用顽夯的大石拉底。

山石拉底形式一览

序号	名称	图例	特色与应用
1	统筹向背		从山石组合单元的要求来确定底石的位置和发展的体势。简化处理那些视线不可及的一面，扬长避短，面面俱到
2	曲折错落		山石底脚的轮廓线一定要打破一般砌直墙的概念，为假山的虚实、明暗变化创造条件
3	断续相间		假山底石所构成的外观不是连绵不断的，要为中层做出"一脉既毕，余脉又起"的自然变化作准备
4	紧连互咬		外观上要有断续的变化，而结构上却必须一块紧连一块，接口力求紧密，最好能互相咬住。假山石外观的所有变化都必须建立在重心稳定、整体性强的结构基础上。山石水平向之间是很难完全自然紧密相连的，这就要借助小块石料打入山石间的空隙处，使其互相咬住，共同制约，最后连成整体
5	垫平安稳		基石大多数都要求以大而水平的面向上，这样便于继续向上垒接。为了保持山石上面水平，一般需要在石之底部用力捶垫平整，从而保持重心稳定，我国北方地区多采用满拉底石的办法，在假山的基础上满铺一层，而南方一带没有冻胀土壤的破坏，常采用先拉周边底石再填心的办法

（4）中层。

中层是指底层以上，顶层以下的大部分山体，是占体量最大，最引人注目的部分，掇山的造型手法与工程描述的巧妙结合也主要表现在这一部分。

山石中层形式一览

序号	名称	图例	特色与应用
1	接石压茬		山石上下的衔接部位要求严密。上、下石料相接时，除了有意识地大块面交错以外，避免在下层石料上露出很破碎的石面。当然，为了特殊效果，也会故意预留石茬，待更上一层时再压茬
2	偏侧错安		即力求破除对称的形体，避免成四方形、长方形、正品形或等边、等角三角形。要因偏得致，错综成美，要掌握各个方向不规则的三角形变化，以便为各个方向的延展创造基本的形体条件
3	避免闸立		山石可立、可蹲、可卧，但不宜像闸门板一样闸立。闸立的山石很难和一般布置的山石相协调，而且向上接山石时接触面往往不够大，因此影响稳定。有时为了节省石材不能达到高度，可以在视线看不到的部位架空上层山石
4	等分平衡		拉底石时平衡问题表现不显著，到中层以后，平衡的问题就很突出了。因此必须用数倍于凸出石料的重力稳压内侧，将向外凸出的重心再拉回到山石的重心线上，尽量保持等分平衡
5	收顶		收顶即处理山石最顶层的石料。从结构上来说，收顶的山石要求体量大。从外观上来看，顶层的体量虽不如中层大，但有画龙点睛的作用。因此，一般选用轮廓和体态都富有特征的山石。用于收顶的山石不仅要造型独特，还要注意安装方式，一般要在暗处使用1：2水泥砂浆粘接牢固

8.2 来自大自然的动态体验：水景制作

　　水，无论是小溪、河流、湖泊、还是大海，对人们都有一种天然的吸引力。自然界中的水景让我们感觉恬静安详。从古至今，水景都是庭院不可或缺的组成部分，水已成为梦想和魅力的源泉。自然风景中的江湖、溪涧、瀑布等，具有不同的形式和特点，这是庭院理水手法的来源。古代匠师长期写仿自然，叠山理水，创造出自然式的风景园，并对自然山水进行概括、提炼和再现，积累了丰富的经验。掘地开池还有利于庭院排蓄雨水，并产生调节气温、湿度和净化空气的作用，还能为庭院浇灌花木和防火提供水源，因此，水池成了庭院设计中非常重要的内容。

1. 水景形式

　　在庭院中，以水池为中心，辅以溪涧、水谷、瀑布，配合山石、花木和亭阁等形成各种不同的景色，是一种传统的布置手法。明净的水面能在庭院中形成广阔的空间，能够营造清澈、开朗的感觉；能与幽曲的道路与绿化植物形成开朗和封闭的对比，为庭院展开分外优美的景色；而水景周边的山石、亭榭、桥梁、花木倒影、天光云影、碧波游鱼、荷花睡莲等都能为庭院增添生气。

　　水景以水为主，庭院周围要有水来相伴，依海、靠湖、临河或人工造水都属于水景概念。水景设计应结合场地气候、地形及水源条件。南方干热地区应尽可能为庭院提供亲水环境，北方地区在设计不结冰期的水景时，还必须考虑结冰期的枯水景观。

　　现代庭院水景通常为人工化水景居多。根据庭院空间的不同，采取多种手法进行引水造景，如叠水、溪流、瀑布、涉水池等。在现有庭院中，如果有自然水体的景观要保留利用，进行综合设计，使自然水景与人工水景融为一体。

←庭院水景多与植物相搭配，植物能衬映水景，也方便植物浇灌，水景的表现形态多种多样，给人的风景感受也多有不同，庭院水体的大小宽窄、长短曲直不同，以及水景要素的不同组合方式都会产生不相同的观景效果。

↑现代主义风格的庭院水景可以适当配置几何形体石材构造，水面细腻与石料粗糙能形成一定的对比效果。

水景的形态一览

序号	形式类别	图例	特色与应用
1	开朗的水景		水域辽阔坦荡，仿佛无边无际，天连着水，水连着天，天光水一色，一派空明，若将景观建在这样的地带，可以向辽阔的水面借景，使无边无际的水面成为景观旁的开朗水景
2	闭合的水景		水面面积不大，但也算辽阔，水域周围景物较高，空间的闭合度较大。由于空间闭合，排除了庭院周边环境对水域的影响，这类水体常有平静、亲切、柔和的水景表现
3	幽深的水景		带状水体如河、渠、溪、涧等，当其穿行在密林中、山谷中或建筑群中时，风景的纵深感很强，水景表现出幽远、深邃的特点，环境显得平和、幽静，暗示空间的流动和延伸
4	动态的水景		庭院水景中湍急的流水、狂泻的瀑布、奔腾的跌水和飞涌的喷泉，都是动态感很强的水景。动态水景给景观带来了活跃的气氛和勃勃的生机，水体面积和水量都比较小，显得精巧别致、生动活泼，能够小中见大，让人感到亲切有趣
5	规则的水景		规则的水景平面形状都是由规则的直线岸边和有轨迹可循的曲线岸边围合成的几何图形，根据水景平面设计上的特点
6	自然的水景		自然的水景由自由曲线围合成水面，其形状不规则，并且有多种变异的形状
7	混合的水景		混合的水景既有规则整齐的部分，又有自然变化的部分，在以直线、直角为地块形状特征的建筑边线、围墙边线附近，为了与建筑环境相协调，常将水景的岸线设计成局部的直线段和直角转折形式，水体在这一部分的形状就成了规则的

2. 自然水景

（1）溪流。

溪流是庭院中富有动感和韵味的水景形式，溪流的形态应根据环境条件、水量、流速、水深、水面宽和所用材料进行合理的设计，其中，石材景观在溪流中所起到的效果比较独特。溪流分可涉入式和不可涉入式两种。可涉入式溪流的水深应小于0.3m，以防止儿童溺水，同时水底应做好防滑处理。不可涉入式溪流宜种养适应当地气候的水生动植物，增强观赏性和趣味性，溪流配以山石可充分展现其自然风格。

溪流的坡度应根据地理条件及排水要求而定。普通溪流的坡度宜为0.5%，急流处为3%左右，缓流处不超过1%。溪流宽度宜在1~2m，水深一般为0.3~1m，超过0.4m时，应在溪流边采取防护措施，如石栏、木栏、矮墙等。

↑为了使庭院环境景观在视觉上更为开阔，可以适当增大宽度或使溪流蜿蜒曲折。溪流水岸宜采用散石和块石，并与水生或湿地植物相结合，减少人工造景的痕迹。

↑对于面积不大的小庭院，可以减少流水落差，局部形成溪流感觉即可。

（2）跌水。

瀑布跌水模仿自然景观，采用天然石材或仿石石材设置瀑布的背景并引导水的流向，如景石、分流石、承瀑石等。瀑布高度因其水量不同，会产生不同视觉、听觉效果，因此，落水口的水流量和落水高差的控制成为设计的关键参数，居住区内的人工瀑布落差宜在1m以下。庭院跌水在欧式庭院中呈阶梯式跌落的瀑布，其梯级宽高比宜1：1~3：2之间，梯面宽度宜在0.3~1.0m。

↑台阶式跌水可以控制水流速度，避免水流飞溅太远，台阶数量也不宜过多。

↑跌水造型一般都比较简单，只要有凸凹形体都能产生跌水效果。

（3）瀑布。

庭院中的瀑布按其跌落形式被赋予各种名称，由于人们对瀑布的喜好形式不同，而瀑布自身的展现形式也不同，加之表达的题材及水景不同，造就出多姿多彩的瀑布。

1）瀑布气势。同一条瀑布，如瀑布水量不同，就会演绎出从宁静到宏伟的不同气势。尽管循环设备与过滤装置的容量决定整个瀑布循环规模，但就审美效果而言，瀑布落水口的流水量（自落水口跌落的瀑身厚度）才是设计的关键。庭院内瀑布瀑身厚度一般在10mm以内，瀑布的落高越大，所需水量越多。

2）细部处理与瀑身形态。对高差小、流水口较宽的瀑布，如果减少水量，瀑流常会呈幕帘状滑落，并在瀑身与墙体之间形成低压区，致使部分瀑流向中心集中，"哗哗"作响，还可能割裂瀑身，需采取预防措施。如加大水量或对设置落水口的山石作沟槽处理，凿出细沟，则能使瀑布呈丝带状滑落。通常情况下，为确保瀑流能够沿墙体平稳滑落，常对落水口处山石作卷边处理，也可以根据实际情况，对墙面作坡面处理。将水流跌落的转折部位打磨光滑，一般都能获得平滑、挺直的瀑身效果。

3）设计要点。如果采用平整饰面的白色花岗岩作墙体，因墙体平滑没有凹凸，使人不易察觉瀑身的流动，影响观赏效果。利用料石或花砖铺设墙体时，应采用密封勾缝，以免墙体"起霜"。如果在水中设置照明设备，应考虑设备本身的体积，将基本水深定在300mm左右。

↑左：可以用石材做导流槽，形成瀑布口，再将瀑口悬空架立庭院水池中，其下水池接水，这就做成了挂瀑。庭院因有瀑布、水帘的动感装饰，变得有声有色，又有静有动，明显地增加了环境的艺术性，在多雨的南方，可以设法制造人工瀑布，如利用屋顶雨水，流注池中，略有瀑布之意。

↑右：在庭院中利用假山、叠石，并在地面筑池作潭，山石上作瀑布，使水帘轻泻潭中，击石有声、水花喷溅。也可利用室内专设的景墙作骨架，引水从上端轻轻流泻而下。墙头流水的堰口平直整齐，水量适度，水流形成薄而透明的水帘，显得轻盈柔美。

3. 人工水池

（1）浅水池。

一般深在1m以内者，称为浅水池，也包括儿童戏池和小型游泳池、造景池、水生植物种植池、鱼池等。庭院水景中水池的形态种类众多，水池深浅和壁池、池底材料也各不相同。如果要求构图严谨，气氛严肃庄重，则应多用规则方正的池形或多个水池对称的形式。由于水池很浅，水对池壁的侧压力较小，因此在设计中一般无须考虑水压，只要用砖砌240mm墙作池壁，并且做好防渗漏结构层的处理，就可以达到安全使用的目的。

↑浅水池的深度可以低于100mm，它是地面铺装的组成部分。浅水池底一般铺设卵石，池底卵石与池岸融为一体，进一步浅化水池。

↑规则式浅水池中可以设计桥梁，形成游览路线，与人产生互动。

（2）涉水池。

涉水池可分水面下涉水和水面上涉水两种。水面下涉水主要用于儿童嬉水，其深度不得超过300mm，池底必须进行防滑处理，不能种植苔藻类植物。水面上涉水主要用于跨越水面，应设置安全可靠的踏步平台和踏步石（汀步），尺寸不小于400mm×400mm，并满足连续跨越的要求。这种涉水方式应设水质过滤装置，保持水的清洁，以防儿童误饮池水。

↑浅水池的深度可以低于300mm，它是地面铺装的组成部分，浅水池底一般铺设卵石，池底卵石与池岸融为一体，进一步浅化水池。

↑汀步浅水池要满足连续跨越要求，应设水质过滤装置保持水清洁，以防儿童误饮池水。

（3）休闲游泳池。

建造游泳池的初衷通常是出于休闲的需要，而不仅仅是想在庭院里建一处水景，因而游泳池的视觉效果与鱼池、莲花池也迥然不同。

以往很多游泳池都用混凝土来建造，因为只能用模板建造，所以游泳池的形状都是千篇一律的正方形或矩形。随着压力喷浆技术的成熟，现代的钢筋混凝土游泳池已呈现出千姿百态的形状，并且还可以用瓷砖、马赛克和大理石来装饰表面。

游泳池落最需要注意的就是安全。如果游泳池周围没有围栏或相应设施，就会对小孩或老人构成潜在危险。庭院游泳池平面不宜做成正规比赛用池，池边尽可能采用优美的曲线，以加强水的动感。游泳池根据功能需要尽可能分为儿童泳池和成人泳池，儿童泳池深度为0.6~0.9m为宜，成人泳池为1.2~2m。儿童池与成人池可以统一考虑设计，一般将儿童池放在较高位置，水经阶梯式或斜坡式跌落流入成人游泳池，既能保证安全又可丰富游泳池的造型。游泳池池岸必须作圆角处理，铺设软质渗水地面或防滑地砖。泳池周围多种灌木和乔木，并提供休息和遮阳设施，有条件的庭院可设计更衣室和供存放野餐设备的区域。

↑游泳池底部与侧壁采用马赛克铺贴，深度根据需要来设定，一般不要超过2m。

↑可以根据需要安装起落台，便于出入游泳池。

←游泳池一般安排在庭院中央，使庭院具有向心力，方形游泳池可以设置在庭院边角部位，能有效节约庭院面积。

（4）喷泉。

喷泉是一种将水或其他液体经过一定压力通过喷头喷洒出来，且具有特定形状的组合体，提供水压的一般为水泵。喷泉原是一种自然景观，是地下承压水的地面露头，庭院中的喷泉，一般是为了造景需要，要求人工建造具有装饰性的喷水装置。开阔的场地多选用规则式喷泉池，水池要大，喷水要高，照明不要太华丽。狭长的场地，如街道转角、建筑物前等处，水池多选用长方形或圆形。喷泉的水量要大，水感要强烈，照明可以比较华丽。

1）位置。一般多设在庭院的轴线焦点、端点和花坛群中，也可以根据环境特点，作一些喷泉小景，布置在庭院中、门口两侧、空间转折处、公共建筑的大厅内等地点，采取灵活的布置，自由地装饰室内外空间。但在布置中要注意，不要将喷泉布置在建筑之间的风口风道上，而应当安置在避风的环境中，以避免大风吹袭，喷泉水形被破坏和落水被吹出水池外。

2）形式。喷泉主要有自然式和规则式两类。喷水的位置可居于水池中心，组成图案，也可以偏于一侧或自由布置。其次，要根据喷泉所在庭院的空间尺度来确定喷水的形式、规模及喷水池的大小。

3）水型设计。喷泉水型是由不同种类的喷头组合与喷头的不同俯仰角度等因素共同造成。从喷泉水型的构成来看，其基本构成要素是由不同形式喷头喷水所产生的不同水型，即水柱、水带、水线、水幕、水膜、水雾、水泡等，再通过这些水型要素按照设计的图样进行不同组合，就可以造出千变万化的水型来。水型的组合造型也有很多方式，可以采用单条水柱、水线的平行、直射、斜射、仰射、俯射造型；可以使多条水线交叉喷射、相对喷射、辐状喷射、旋转喷射；还可以让水线穿过水幕、水膜，用水雾掩藏喷头，用水花点击水面等。

4）施工注意事项。池底、池壁防水层的材料，宜选用防水效果较好的卷材，如三元乙丙防水布、氯化聚乙烯防水卷材等。水池的进水口、溢水口、泵坑等构造要设置在池内较隐蔽的地方，泵坑、穿管的位置宜靠近电源、水源。在冬季冰冻地区，各种池底、池壁构造都要求考虑冬季排水出池，因此，水池的排水设施一定要便于人工控制。

↑中央式喷泉适合欧式庭院，配置精致的雕塑与色彩丰富的花卉。

↑序列布置的喷泉讲究整齐，石雕形态、喷射力度、喷射距离都应保持一致。

（5）壁泉与滴泉。

在庭院局部墙壁上安装鱼、蛙、龙、兽甚至人面的吐水雕塑小品，引水管于其口中，作细流吐水，就成了壁泉，或者将水量调节到很小，使水断断续续地滴下，在庭院中造成滴滴嗒嗒、叮叮咚咚的声响效果，即成滴泉。

1）墙壁型。在人工建筑的墙面，不论其凹凸与否，都可形成壁泉，可设计成具多种石砌缝隙的墙面，水由墙面的各个缝隙中流出，产生涓涓细流的水景。

2）山石型。人工堆叠的假山或自然形成的陡坡壁面上有水流过就能形成壁泉。最具特色的是以方块石材堆叠的假山壁泉，景面宽阔、造型刚劲、气势磅礴，以人工几何形的造型，表现出大自然的寓意，只是注意这种造型要与周边环境的色调保持一致。

↑在平整墙面上，水从缝隙中缓缓流出，发出潺潺水声，当人们沿庭院小径缓缓而行时，仿若置身雨声淅沥的山间小路上，两侧鲜花烂漫，这种优雅自然的美景的确令人神往，成功的壁泉能将大自然的神韵与气质带进密集、封闭的庭院中。

↑在堆砌的假山石上放置一个罐子，里面安装水泵与管道，将水池中的水抽入水罐中在缓缓流出。

★ 庭院小贴士

喷泉的控制方式

（1）手阀控制。手阀控制是最常见且最简单的控制方式，在喷泉的供水管上安装手控调节阀，用来调节各管段中水的压力和流量，形成固定的喷水水姿。

（2）继电器控制。通常用时间继电器按照设计程序来控制水泵、电磁阀、彩色灯的启闭，从而实现自动变换喷水水姿，呈现出多姿多彩的效果。

（3）音响控制。音响控制的原理是将声音信号转变为电磁信号，经放大及其他处理，推动继电器或其电子式开关，再去控制设在水路上的电磁阀的启闭，从而达到控制喷头水流动的通断。它能将人们的听觉和视觉结合起来，使喷泉喷射的水花随着音乐优美的变化旋律而翩翩起舞。

4. 水池构造施工

（1）坡度与深度。

水池附近的地表水不应排入池内，坡度要向外将水排到排水沟或水源保留区中，这一点在设计游泳池时要特别注意。

水景池边缘宽度应该至少有600mm，可以采用石头来填补，并掩盖坡度走向。表面坡向池内，使溅溢出的水流回水池中。用于观赏展示的水池其深度在300～450mm变化。目前在欧美国家，深度超过450mm通常作为游泳池考虑，并要求在水池周边竖立围栏或其他围障，喷泉的蓄水池深度通常要达到300mm。既要防止水向外流，也要防止外面的水流入池内。

↑水池边缘采用不锈钢金属护边，防止池外水进入池内。

↑喷泉水池的深度要达到500mm左右，防止有水溅落出来。

（2）干舷。

干舷是指水位线与水池边上部的距离，这个尺寸要求随池边条件、功能而变化。溢水槽也被认为是无限边界，提供了无需干舷的设计。悬挑和台阶边缘要求至少有50mm的干舷，而座墙或植物边缘要求干舷更大，达150mm。

↑游泳池低处的水池必须设计为能容纳不运行时的较高水位，同时适应运行时的较低水位。而区别在于，多个水池在运行时，水会流到水堰后和其他设施中。

↑游泳池干舷可以设置为多级，每级为一个台阶高度。

（3）池底、池壁与池顶。

为了保证不漏水，宜采用防水混凝土，并采用防水材料。为了防止裂缝，应适当配置钢筋，有时要进行配筋计算。大型水池还应考虑适当设置伸缩缝、沉降缝，这些构造缝应设止水带，用柔性防漏材料填塞，如沥青、防水卷材等。

水池池壁起维护的作用，要求防漏水，与挡土墙受力关系相类似，分为外壁和内壁，内壁做法同池底，并同池底浇注为一体。池顶是指强化水池边界线条，使水池结构更稳定，用石材压顶，其挑出的长度受限，与墙体连接性差，使用钢筋混凝土作压顶，其整体性好。

庭院内所有路面连接处及管道穿过处应做止水槽。抹灰、贴瓷砖或用环氧涂料刷水池或使用人造橡胶涂层都需要另外做防水，在结构上或易膨胀的土壤上设置水池，对防水保护要求会特别高。另外，屋顶花园常常要考虑材料的重量，通常使用连续的防水薄膜、玻璃纤维或金属外壳。此外，具有一定深度的水井，与地下水相通，在干旱不雨时，池水不至完全干涸，同时井水冬天温暖，可供鱼类过冬。

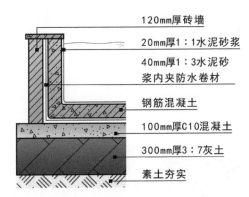

↑人工水池构造

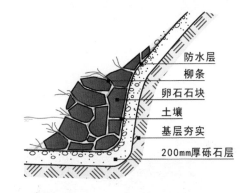

↑自然水池构造

↑聚乙烯卷材厚度为 0.15mm，但是强度较高。

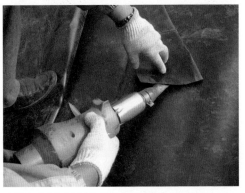

↑聚乙烯防水卷材通过烤枪局部热熔进行粘接。

↑卷材上面应覆盖单薄的染色水泥砂浆或混凝土。

↑池底防水为了铺装卷材外，还要对卷材边角涂刷防水涂料。

（4）水池装饰。

水池要特别注意其外观的装饰性。池底可利用原有土石，亦可用人工铺筑砂土砾石或钢筋混凝土做成。其表面要根据水景的要求，选用深色的或浅色的池底镶嵌材料进行装饰，以示深浅。如池底加进镶嵌的浮雕、花纹、图案，池景会更显得生动活泼。庭院水池的池底常常采用白色浮雕，如美人鱼、贝壳、海螺之类，构图颇具新意，装饰效果突出，渲染了水景的寓意和水环境的气氛。

此外，装饰小品诸如各种题材的雕塑作品，具有特色的造型，增加生活情趣的石灯、石塔、小亭，多姿多彩的荷花灯、金鱼灯以及各种汀步等，都能起到点缀和活跃庭院气氛的作用。

↑小桥、山石装饰水池周边空间，渲染水景氛围。

↑花卉与多彩绿化植物环绕在水池周边，除了装点水池外，还能起到隔离人跌入水池的作用。

5. 小型水景园

近年来随着庭院的发展、人们审美情趣的提高，小型水景园也得到了较为广泛地应用，在庭院局部景点、屋顶花园都有建造，水景园，外形也较简单，驳岸常用混凝土、仿树桩，或砌卵石、山石等，一般会高出水面400mm左右。

（1）盆池。

盆池是一种最古老，而且投资最少的水池，适用于屋顶花园或小型庭院。盆池在我国其实也早已被应用，种植单独观赏的植物，如碗莲、干曲菜等，也可以欣赏水中鱼虫，常置于阳台、天井或室内阳面窗台。木桶、瓷缸都可作为盆池，甚至任何能盛300mm水深的容器都可作为一个小盆池。预制盆池是随现代工艺与材料的发展而出现的，价格比较昂贵，但使用方便，预制盆池的材料有陶瓷、石材、玻璃纤维、塑料。这类水池形状各异，且常设计成可种植水际植物的壁架。有了预制盆池后，只需在地面挖一个与其外形、大小相似的穴，去掉石块等尖锐物，再用湿的泥炭或砂土铺底，将水池水平填入即可。

↑特大瓷碗经过装点也能成为盆池。

↑天然石料加工的盆池价格较高，但是效果最真实。

↑成品水景园可以直接购买，不局限于庭院摆放，还可以放在室内。

★ 庭院小贴士

庭院水景需考虑的问题

（1）安全性。安全永远是首要的问题，考虑到儿童在无人照看的情况下会来到水景中，所以应选择无外露水池的水景。

（2）水循环。在干旱缺水的地区采用水景要特别小心，系统中的水要设计为持续循环利用。

（3）水蒸发。蒸发是水景失掉水分的重要因素，特别是在炎热干旱的气候条件下，通风口、浅水池、喷雾及水体的运动蒸发失水是最大的。

（4）保温。在寒冷地区，要考虑冬季无水的几个月中的景观效果，在略微寒冷的气候下加热的水池也应考虑覆盖保温设施。

（5）使用成本。水景的维护费也相当昂贵，通常水池要求在运行中进行水质净化处理，并及时检查维修。因此，长期管理必须慎重考虑使用成本。

（6）防水。庭院内所有路面连接处及管道穿过处应做止水槽。抹灰、贴瓷砖、涂刷环氧涂料、涂刷橡胶涂料等施工构造基层都需要另外做防水，在易膨胀的土壤上设置水池，对防水保护要求会特别高。

（2）衬池。

衬池是采用衬物制成，其体量及外形的限制较小，可以自行设计。所用的衬物以耐用、柔软、具有伸缩性、能适合各种形状者为佳，大多由聚乙烯、聚氯乙烯、尼龙织物、聚乙烯压成的薄片以及丁基橡胶制成。

制作衬池前先设计形状、放线、开挖，为适合不同水生、水际植物的种植深度，池底以深浅不一的台阶状为宜。挖后要仔细剔除池底、池壁上凸出的尖硬物体，再铺上数厘米厚的湿砂，以防损坏池衬，用具有伸缩性池衬铺设时，周围可先用重物压住，然后向其中注水，借助水的重量，使池衬平滑地铺于池底各层。最后，在池周围用砖或混凝土预制块环砌一周，固定池衬，将露在外面多余部分沿边整齐地剪掉即可。

各种衬物的优缺点不一，聚氯乙烯与丁基橡胶质量比较好，而聚乙烯在水位以上部分易受紫外光的照射而降低其寿命。池衬可以有各种颜色，灰色、褐色、黑色及各种自然色都可应用，但是蓝色，尤其是浅蓝色应避免使用，藻类易附着在其水下部分生长，同时与植物色彩也不协调。

↑如果需要自然式周边，可选用自然山石池岸。衬池主体施工完毕后，可以进行必要的装饰，如铺撒鹅卵石、种养植物等。

↑衬池施工比较复杂，如果有地下车库等建筑构造，还要运用防水材料，以免漏水。

←衬池周边一般用石料来遮挡衬物，衬池也更适用于中式风格，池边缘可以随意收口造型。

（3）混凝土池。

混凝土池最常见也最耐用，可按设计要求做成各种形状，具有各种颜色。施工时，将水泥、砂按比例与适当的防水剂混合后加水拌匀备用。对于自然式且有一定坡度的池壁，先在池底上砌上100mm厚的混凝土，然后加钢筋网，接着喷一层厚50mm混凝土，最后将表面砌光滑。

↑混凝土池壁采用喷浆法施工，基层覆盖钢丝网。

↑混凝土池可以制作很深，且池壁坡度可以较陡，喷涂防水涂料。

对于坡度大或垂直池壁的整形式水池，应在砌池壁时采用模板；直线的池壁，采用木板或硬质纤维板即可；曲线的池壁，需用胶合板或其他强度合适的材料，弯成所需形状后再用。

为了防止木板上粘住混凝土，可在其内侧涂上脱模剂。如果池壁有着色要求，应在最后一层混凝土中放入颜料，边调和混凝土边加入颜料。红色常用铁氧化物，深绿色用铬氧化物，蓝色用钴蓝，黑色用锰黑，绿色用氧化铜，白色用白水泥。也可以采用彩色涂料涂刷在混凝土表面，但是水线以下部位不宜涂装。此外，经过着色的混凝土水池中不能饲养食用鱼或食用水生植物，以免颜料、涂料危害人体健康。

←池底浇筑，应预先模板上涂刷脱模剂。为了使池面光滑，无裂缝，宜慢慢干燥，随时用防水砂浆填补池底、池壁易开裂的部位。最好用湿麻袋等物覆盖，保持湿润，并不断喷水，保持5～6天后即成。由于新筑的混凝土中含有大量的碱，可在池中放满水，经7～10天将水排空后，再加些高锰酸钾或醋酸中和即可。

参 考 文 献

[1] （美）索温斯基. 景观材料及其应用. 北京：电子工业出版社，2008.

[2] （美）约翰·布鲁克斯. 家居小空间园艺设计方案. 武汉：华中科技大学出版社，2018.

[3] （日）安藤洋子. 最详尽的庭院种植与景观设计. 福建：福建科技出版社，2015.

[4] （日）妻鹿加年雄. 庭院花木修剪·花木盛开的法宝. 湖北：湖北科学技术出版社，2017.

[5] （日）株式会社主妇之友社. 莳花弄草·家庭庭院的植物选择与搭配. 北京：中国水利水
电出版社，2017.

[6] （韩）南妍汀，李在恩. 我家门外的自然课. 北京：中信出版社，2016.

[7] （印）程奕智. 庭院. 辽宁：辽宁科学技术出版社，2015.

[8] 李保华. 最新流行庭院：花园造景. 北京：中国电力出版社，2015.

[9] 贾刚. 庭院设计典藏. 北京：中国林业出版社，2016.

[10] 本书编委会. 庭院植物景观设计实例完全图解. 北京：机械工业出版社，2016.

[11] 本书编委会. 庭院细部元素设计:2花池围栏大门假山绿化带. 北京：中国林业出版社，
2016.

[12] 中式典雅编委会. 庭院设计与植物软装. 北京：中国林业出版社，2016.

[13] 董君. 庭院景观细部设计经. 北京：中国林业出版社，2016.

[14] 王立中. 图解庭院Ⅱ. 武汉：华中科技大学出版社，2017.

[15] 刘伟. 庭院完美风格. 辽宁：辽宁科学技术出版社，2014.

[16] 徐帮学. 庭院水景山石设计. 北京：化学工业出版社，2015.

[17] 张金炜，王国维. 庭院景观与绿化施工. 北京：机械工业出版社，2015.

[18] 何欢. 庭院设计. 北京：中国林业出版社，2013.

[19] 张金炜. 园林硬质景观施工技术. 北京：机械工业出版社，2012.

[20] 陈祺，李景侠，王青宁. 植物景观工程图解与施工. 北京：化学工业出版社，2012.

[21] 谢明洋，赵珂. 景观设计基础. 北京：人民邮电出版社，2013.

[22] 陈淑君，黄敏强. 庭院景观与绿化设计. 北京：机械工业出版社，2015.